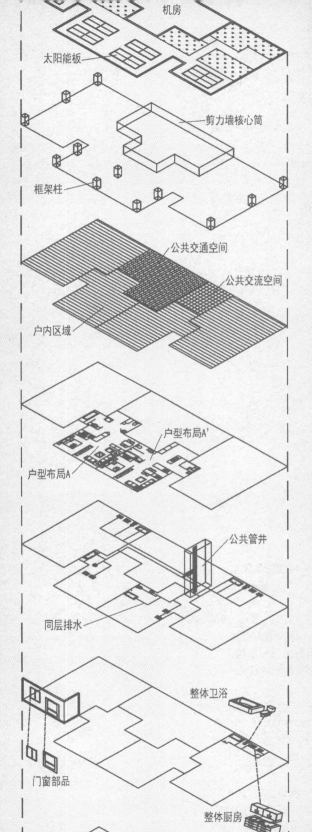

机房

太阳能板

剪力墙核心筒

框架柱

公共交通空间

公共交流空间

户内区域

户型布局A'

户型布局A

公共管井

同层排水

整体卫浴

门窗部品

整体厨房

北入口

交通核

SI 住宅设计

打造
百年住宅

王笑梦　马　涛　编著

中国建筑工业出版社

图书在版编目（CIP）数据

SI住宅设计——打造百年住宅／王笑梦，马涛编著.
—北京：中国建筑工业出版社，2016.6
ISBN 978-7-112-19398-1

Ⅰ.①S⋯ Ⅱ.①王⋯②马⋯ Ⅲ.①住宅-建筑设
计 Ⅳ.①TU241

中国版本图书馆CIP数据核字（2016）第087085号

责任编辑：焦　扬
责任校对：李美娜　姜小莲

SI住宅设计——打造百年住宅
王笑梦　马　涛　编著
*
中国建筑工业出版社出版、发行（北京三里河路9号）

各地新华书店、建筑书店经销

北京锋尚制版有限公司制版

北京中科印刷有限公司印刷
*
开本：787×1092毫米　1/16　印张：14　字数：288千字
2016年12月第一版　2016年12月第一次印刷
定价：68.00元
ISBN 978-7-112-19398-1
（28643）

我最早开始关注"SI住宅"是在日本留学、工作期间。在东京大学攻读硕士和博士学位时，毕业论文都是围绕中国民居主题展开的，实际上中国传统的木构架民居建筑就是一种SI住宅。但真正引起我注意的是日本的现代集合住宅，施工现场基本都是采用预制构件和部品，机械化程度非常高，而且建成后的住宅内部会出现多种不同的户型布局，门窗、隔断等尺寸具有标准规格可供选择，重新装修也非常简单、便捷。

后来进入日本的设计事务所工作，对日本住宅产业的发展和现状有了比较全面的认识和了解，进而为日本住宅的工业化和标准化程度之高所折服。特别是在做了大量的日本和中国的实际住宅项目后，对两者之间的差距有着非常切实的感受，作为一名一直从事住宅研究和设计的工作者，感觉有必要为此做些什么。

所幸，在日本的学习和工作经历，使我有机会参与了多项中日之间在SI住宅方面的交流活动和实际合作项目，积累下一些必要的理论和实践经验。另一方面，自回国工作之后，我所从事的科研工作主要围绕住宅和老年人课题，其中一个方向便是百年住宅、全寿命住宅方面的研究，而SI住宅的理论和技术是对其必不可少的支撑。由于国内还没有一本较为系统地介绍SI住宅的专著，于是便萌生了编写本书的念头。

在我国老龄化不断加剧以及政府高度重视住宅产业化发展的大背景下，希望本书能够为我国的住宅建设起到一定的指导作用，供同行们借鉴和参考，并欢迎大家批评指正。

王笑梦

2016年4月

Contents

目录

SI住宅概要

1.1 综述

SI（Skeleton-Infill）住宅是由日本提出的住宅体系名称，即一种采用建筑躯体与内装完全分离的预制装配式施工方法建造的集合住宅，具有长期耐久性和易变更性。

SI住宅的核心理念起源于荷兰学者约翰·哈布拉肯（John N. Habraken）于1962年在其著作《支撑体——大量住宅建设的一个选择》（*Supports：an Alternative to Mass Housing*）（荷兰语，图1-1为英语重印版）中提出的"开放建筑"（Open Building）思想，其主要观点可以归纳为两阶段供给方式、空间选择的多样性和层级概念三大方向。后来哈布拉肯与其他几位荷兰建筑师一起成立了一个建筑师研究基金会（Stichting Architeten Research），主要从事住宅适应性设计及建造方法的研发，提出了将住宅的设计和建造分为支撑体（Support）和填充体（Infill）两部分的理论，通常被称为SAR理论或支撑体理论。按照SAR理论，住宅的支撑体即主体骨架或结构，具有百年以上的长期耐久性；填充体即内装或可分体，均为标准化生产的部品，可根据需要装配、更新和改造。

图1-1 1999年的英文重印版《支撑体——大量住宅建设的一个选择》（*Supports: an Alternative to Mass Housing*. London: Urban International Press，Edited by Jonathan Teicher）封面

在我国，传统木构架民居建筑实际上就是一种SI住宅，主要以抬梁式和穿斗式结构体系为代表，由柱、梁、檩、枋、斗栱等大木构件形成框架结构，承受来自屋面、楼面的荷载以及风力、地震力，拥有柔性的结构特征，抗震性强，并具有可预制加工、现场装配、营造周期短等明显优势。进入现代社会以后，这种民居形式渐渐失去了生存空间，取而代之的是大量集合住宅的兴起。新中国成立以来，开始大量兴建以砖混结构为主的集合住宅，多为低层或多层，抗震性能较差，开间、进深以及层高的尺寸都受到一定的限制。从20世纪90年代起，集合住宅开始从砌体结构向钢筋混凝土结构转变，适用范围从低层到高层，甚至超高层，这种住宅坚固，抗震及防火性能较好，耐用年限较长。目前我国住宅虽基本采用钢筋混凝土结构，但由于结构与内装没有完全分离，导致内装的耐久年限就等于建筑自身的耐久年限，只有二三十年。与此相对，欧美国家的住宅建筑常常拥有长达百年的耐久性，就是因为提前预想到了结构与内装的不同寿命，因而应用二者分离的基本概念，使建筑躯体不变，外装和内装可以反复变换、更新，并通过工业化生产技术，使之成为可能。

　　SI体系在欧美国家及日本得到了巨大发展，并已由理论研究阶段进入到了实践阶段。吸收SAR理论的精髓，日本于20世纪90年代在KEP（Kodan Experimental Housing-Project）及CHS（Century Housing System）的基础上，研发并确立了机构型KSI（Kikou SI）住宅体系。借鉴KSI住宅体系及发达国家的住宅建设经验，目前我国正处于研发CSI（China SI）住宅体系的起步阶段，其目标是确立一种具有中国住宅产业化特色的SI住宅体系。

1.2　S和I

　　SI住宅的核心概念就是S（Skeleton）与I（Infill）的分离（图1-2）。S即具有百年以上长期耐久性的躯体及公共设备，包括承重的柱、梁、楼板、墙以及围护结构的外墙、屋面、阳台、门窗、共用管线及设备等；I即对应社会及家庭发展状况，10～30年左右需要更新、变换的内装及户内设备，包括非承重的分户墙、户内隔墙、门窗以及门廊、厨卫、起居室、卧室等功能空间的装修、专用管线及设备等。

　　广义的S和I分为四部分（图1-3）：

　　S分为长期固定部分和可更换、维修部分，是共同利用区域，属于管理组合或建筑业主所有。

　　I分为可增、改建部分和居住者可自由变换部分，是个人利用区域，后者属于居住者专有。

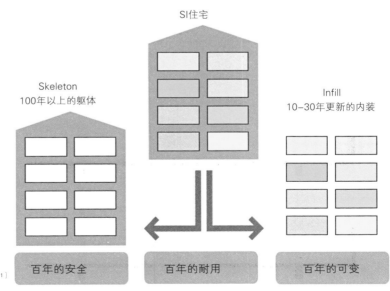

图1-2　SI住宅概念解析图[1]

---

[1]　图片来源详见书末，后同。

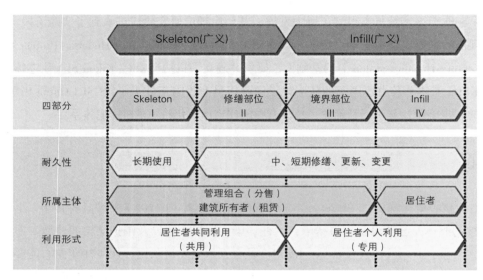

图1-3　广义的S和I的明确区分

在普通集合住宅中，公共竖向管井设置在住户内部，与建筑躯体成为一体，公共利用部分与个体利用部分在物理及空间上混杂在一起，维修、更换相当不便，而且会影响将来住户内装的可变性（图1-4）。当公用设备及内装老化、腐朽时，几乎就等于住宅本身的寿命走到了尽头。

而在SI住宅中，S和I分离，公共竖向管井与墙体分离，并设置在公共空间，明确区分了公共利用区域与个体利用区域，内部可以随着时代的发展、技术的进步以及家庭构成的变化进行相应的修缮、更新，而建筑骨骼仍然保持坚固耐用（图1-5）。这里所说的明确

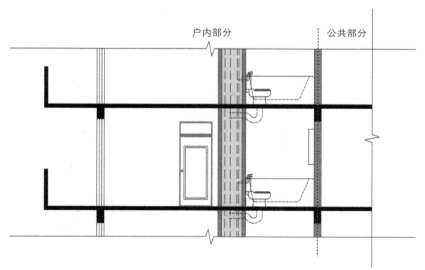

图1-4　普通住宅特点

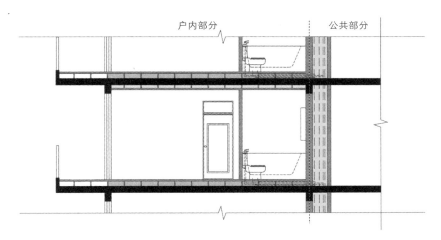

图1-5 SI住宅特点

区分公共利用区域与个体利用区域，不仅指物理及空间上的区分，还包括所有、权属关系以及维护、更新时的决定主体、费用承担者等的明确划分。

同时，SI住宅中S与I的分离不仅是设计、建造的分离，还包括供给、管理的分离，因此，从供给方式的角度出发，在建筑、所有、流通等各个环节都有相应的改变。普通住宅一般是开发者先建好住宅的结构躯体及公共部分，然后卖给用户，即所谓的毛坯房；用户自己进行内装及设备的施工，或者开发者建好住宅的整体结构和内装后，再卖给用户，即所谓的精装房，用户不能再改装，或者很难改装。这两种情况对于用户来说，都存在内装单一性及难以更改的问题。SI住宅使得菜单式内装选择（购买）、室内布局及内装局部变更（租赁）等成为可能，给了用户更多的选择。

1.3 SI住宅出现的基础

随着技术的进步、社会的发展以及家庭的变迁，人们对住宅的需求开始多样化、个性化，SI住宅的出现成为必然。

从社会、城市、居住者、开发者等不同视角出发，分别有着不同的看法、观点（图1-6）。

（1）从社会的视角看，是为了使住宅具有长期耐久性，应对将来可能发生的各种变化，从而节约资源，降低能耗，促进社会的可持续发展。

（2）从城市的视角看，是为了在生活便利的城市进行住宅建设，也可利用住宅与商业联动的复合功能，形成可持续发展的城市骨骼。

（3）从居住者的视角看，是为了提高室内布局的自由度，使居住者可以根据自己的需求，对房间布局及内装进行自由调整。

（4）从开发者的视角看，是为了领先于时代进行住宅储备，借助建筑躯体的耐久性，改造内装的组合，提前确立未来产业的可持续发展方式。

但无论哪个观点，都引导着集合住宅向着SI住宅的方向发展、进步。

SI住宅的出现，需要以下几方面的基础，缺一不可：

（1）大量集合住宅的供给需求，促进了住宅产业化发展以及标准化设计和建造方法的研究与开发。

（2）多样化生活方式的需求，促进了住宅部品化及部品产业化的发展，使居住者可以根据自己的需求参与内装设计。

（3）施工技术的成熟，如PC（Precast Concrete，预制混凝土）工法、干式工法等的普及，使SI住宅建设成为可能。

（4）保护环境的社会需求，使消减二氧化碳排放量、节约整体资源成为必然，确立了

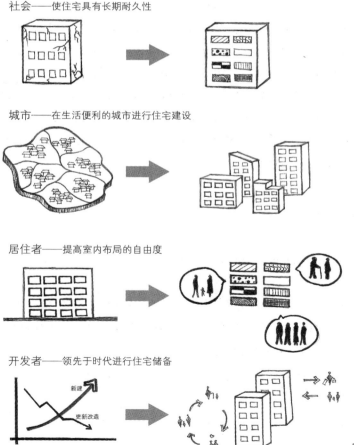

社会——使住宅具有长期耐久性

城市——在生活便利的城市进行住宅建设

居住者——提高室内布局的自由度

开发者——领先于时代进行住宅储备

图1-6 SI住宅的必要性

储备型长寿命住宅产业的发展方向。

（5）社会高度信息化，尤其是互联网带来的信息化革命，使得连接、查询变得便利、准确，促进了住宅产业化管理。

（6）政府的政策引导与支持，是SI住宅建设、发展的根本推动力量。

在我国，SI住宅已经引起政府的高度重视。国务院办公厅于1999年8月即颁布了《关于推进住宅产业现代化提高住宅质量的若干意见》的文件，明确提出三大目标：加强基础技术和关键技术的研究，建立住宅技术保障体系；积极开发和推广新材料、新技术，完善住宅的建筑和部品体系；健全管理制度，建立完善的质量控制体系；并首次以政府文件的形式提出要加强住宅装修

图1-7 《CSI住宅建设技术导则（试行）》2010年版封面

管理，积极推广一次性装修或菜单式装修模式。原建设部住宅产业化促进中心2002年7月颁布的《商品住宅装修一次到位实施细则》，则进一步点明了推行精装修住宅的目的，即"避免二次装修造成的破坏结构、浪费和扰民等现象"。2010年10月，住房和城乡建设部住宅产业化促进中心发布了《CSI住宅建设技术导则（试行）》（图1-7），第一次明确提出了将住宅支撑体部分和填充体部分相分离的住宅建筑体系，被业内认为是住宅产业化推进的重大变革。

CSI住宅以实现住宅主体结构百年以上的耐久年限、厨卫居室均可变更和住户参与设计为长期目标，但根据我国住宅建设的基本现状、标准规定和现行的一系列管理体制，距离这一目标的实现尚需一段时间。因此，在目前的起步阶段，核心是推进近期可实现的"普适型CSI住宅"的建设，包括：支撑体部分与填充体部分基本分离，卫生间实现同层排水和干式架空，部品模数化、集成化，套内接口标准化，室内布局具有部分可变更性，按耐久年限和权属关系划分部品群，强调住宅维修和维护管理体系。

1.4 SI住宅的特点

SI住宅的主要特征就是主体结构与内装部分的分离。由于公用部分和专用部分明确分离，在专用部分老化、损坏的时候，只要更换专用部分的部品，就可解决问题，结构不变，仍可以使用。可以总结为不影响室内配置的建筑躯体设计和不影响结构躯体的内装设计，具体特点包括以下几方面：

（1）标准化、部品化

采用标准化设计、标准化部品、标准化施工，可以在不损害结构体的前提下，对布局和内装不断地进行修缮、更新、改造，可自由设定外墙开口部，还可自由变换多种室内布局等。

（2）双层地板、双层顶棚、双层墙板

将管线设备等设置在双层顶棚、双层地板及双层墙板内，而不是埋嵌在结构躯体里，便于施工、更换、维修等。

（3）室内没有柱、梁等结构体

没有梁、柱等结构体的羁绊，空间宽敞通透，形状规整。可通过分隔墙、门窗、家具等，自由组合。

（4）公共管井（PS）与墙体分离

公共管井设置在户外的公共空间，与建筑墙体分离，使其维护、更换方便，并对户内布置没有影响。

（5）可变性维护及变更

承重结构以外的开口部、分户墙、共用管线设备等采用干式工法，确保可以对应耐用年数以及社会需求，进行整体维护、修缮、更新、改造等。内装采用可变居室设计系统，确保室内可根据居住者的意愿进行装修、更新等（图1-8）。

SI住宅追求的是长时间内支持多次内装改造的结构耐久性，对应地震、恶劣气候等天灾的耐受性，配管设备维修、更换的便利性，经济且高效地进行变换、变更的更新性，对应家庭结构变化、孩子成长、老龄化等进行布局变化的自由度（图1-9）。

为了达到以上目标，可以采用以下几种手法：

（1）对应地震等天灾的坚固结构

全面调查地基、基础信息等，完善钢筋混凝土结构、钢结构、钢-钢筋混凝土结构等的结构计算，强化接合部位的巩固性和稳定性等。

（2）保护外墙、屋顶等以适应气候、温度的变化

根据住宅所在地理位置、气候特点等，外墙采用内保温或外保温工法，并严格选择保温、隔热的外装材料，达到最好的保温、隔热效果。

（3）确保户内空间的自由度

采用空心厚楼板技术，使户内不出现小梁，形成大空间，可以通过固定可拆装家具、隔板或者可移动屏风、折叠门等，进行房间分割，并考虑没有高差的无障碍设计。

（4）方便设备管线的维护、修理

设置双层地板、双层顶棚及双层墙板，确保管线配置空间，并在合适的位置设置多

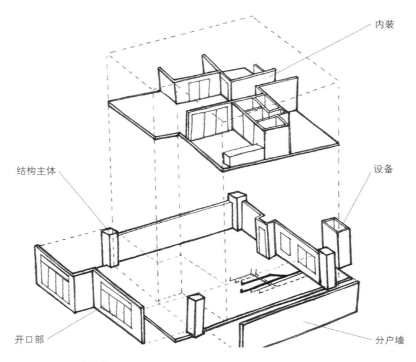

图1-8 SI住宅拆分图

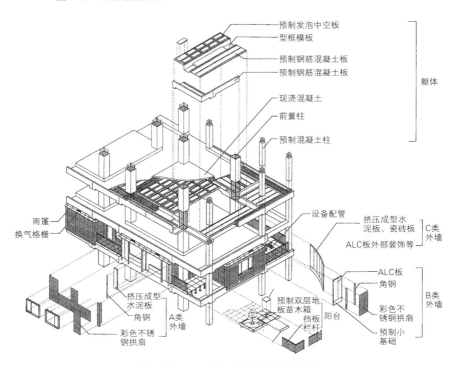

图1-9 日本大阪未来型实验集合住宅NEXT21的建筑系统解析图

个检修口，确保维修作业空间等。

（5）确保电器部品的空间

一般电器制品的寿命为10~15年，需要多次更换，因此，要按照模数化设计放置电器部品的空间尺寸，包括长、宽、高等，方便不同品牌、不同规格的标准化电器部品的更换。

1.5　SI住宅的优点与实施难点

SI住宅具有以下优点：

（1）延长建筑寿命。　　　　　　　（2）结构体的耐震性强。

（3）具有规整的大空间。　　　　　（4）室内布局自由度高。

（5）整体装修，更新方便。　　　　（6）厨房、卫浴等用水空间布局可变。

（7）外墙开口部可改变。　　　　　（8）设备管线维护方便。

（9）节约资源，减少污染。　　　　（10）施工、维护方便。

SI住宅可以满足各种生活方式的家庭的需求，我们举例来说明一下。首先，开发商先建起住宅楼的结构躯体部分，然后，分别出租或出售给不同的家庭，而租到或买到住宅结构的入住者，可以结合自己的生活方式，委托开发商或专业装修公司进行内装部分的设计和施工。A户是一对年轻新婚夫妇，他们租的是小户型，内装为简约现代派风格，可以享受到快乐的新婚家庭生活；B户是一对老年夫妇，其中一人为坐轮椅的残疾人，他们买了一个大户型，按照适老性原则进行内装施工，使得即使坐轮椅也能方便地度过晚年生活；C户是三口之家，夫妇二人加上一个孩子，他们买的是跃层户型，室内由旋转楼梯连接上下层，可以充分享受与孩子在一起的时光；D户是一个单身者，租了一个大户型作为SOHO，在家就可办公，非常惬意（图1-10）。

由于SI住宅的内装从设计到施工都是由入住者自己选择、决定的，可以完全满足不同住户的个性化需求，而且入住不受其他住户的制约，只要自己一户的内装施工完成，即可陆续入住。另一方面，SI住宅是一种全寿命周期（Life Cycle）住宅，入住后伴随着入住者的变化、家庭的成长，住户仍然可以根据实际需要进行布局及内装的变更、改建等，而建筑躯体作为城市的骨骼，可以保持长期、持续的使用而不受损坏。

同时，SI住宅也存在以下实施难点：

（1）施工管理要求高。

SI住宅是一种工业化住宅，一般采用预制装配式施工方法，即PC工法，为了与预应力混凝土结构（Pre-stressed Concrete）相区别，日本常将其标记为PCa工法，即在工厂预制

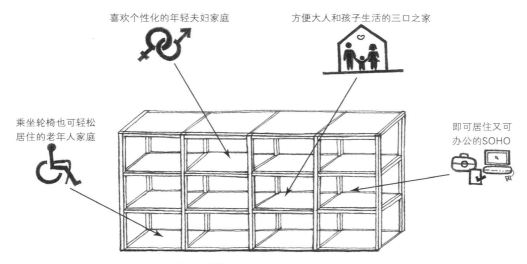

喜欢个性化的年轻夫妇家庭

方便大人和孩子生活的三口之家

乘坐轮椅也可轻松
居住的老年人家庭

即可居住又可
办公的SOHO

图1-10 可以按照自己的生活方式进行内装的SI住宅

（a）PCa柱　　　　　　　　（b）PCa梁　　　　　　　　（c）叠合楼板

图1-11 PCa工法的施工步骤概念图

柱、梁、楼板等混凝土构件以及墙板、楼梯、门窗、阳台等标准化部品，在施工现场进行装配、连接或部分现浇的装配式施工技术（图1-11）。这种工业化住宅建造生产方式具有高效节能、绿色环保、降低成本等优势，在发达国家运用广泛。PC技术要求能够形成完整、合理的施工流程，施工过程中具有系统化的管理，才能保证住宅的质量。

（2）预制生产的标准化要求高。

由于采用预制装配式施工方法，也要求预制生产构件、部品的工厂具有极高的标准化生产技术，尽可能减少误差率，使产品能够达到所需精度，以此确保结构体与内装各部品间的精确结合，提高施工效率。

（3）前期科研开发难度大

我国CSI住宅体系研发还处于起步阶段，存在很多的困难和不确定因素，需要在各个方面，包括前期规划、设计、部品的生产、现场施工以及竣工后的维护等，借鉴国外的先进经验，并结合我国的实际国情，研发出一整套具有中国特色的工业化CSI住宅体系。

1.6 SI住宅的现状及发展方向

SI住宅体系源于荷兰的SAR理论的支撑体住宅体系，并很快在欧美国家得到普及，后来又发展到开放式住宅（Open Building），现在已经成为普遍采用的住宅结构。因此，欧美国家的住宅寿命普遍比较长，欧洲住宅平均寿命为80～140年左右，美国也有100年左右。

日本从第二次世界大战后开始进行大量集合住宅的研究与建设，从集合住宅的工业化、部品化到集合住宅的标准化、部品产业化，进而到集合住宅的长寿命化（图1-12）。虽然20世纪70年代日本就开始开放建筑的尝试，但直到20世纪90年代后，才真正进入到SI住宅的研究与实施阶段，因此，日本的SI住宅远没有达到欧美国家的普及程度，住宅的平均寿命只有30年左右，大大短于欧美住宅的平均寿命。经过近20年的发展，日本已经建立起一整套KSI住宅体系，目前新建住宅均以SI住宅为主，正朝着实现百年以上长寿命住宅的目标发展（图1-12）。

中国针对以往的住宅建设方式造成的寿命短、耗能大的质量通病以及二次装修浪费等问题，也开始进行SI住宅体系的研发与实践尝试。1981年，清华大学教授张守仪首次将SAR理论介绍到国内，1985年，南京大学教授鲍家声系统地介绍了SAR理论及设计方法，并进行了首个实践。之后，在SAR理论的指导下，陆陆续续出现了一些实践项目，包括实验性住宅、可移动的隔墙住宅、大开间住宅等。近年来，各地取得了一些研究进展，如万科的VSI住宅体系、济南产业化中心的CSI住宅体系等，并建立了住宅产业化基地，进一步

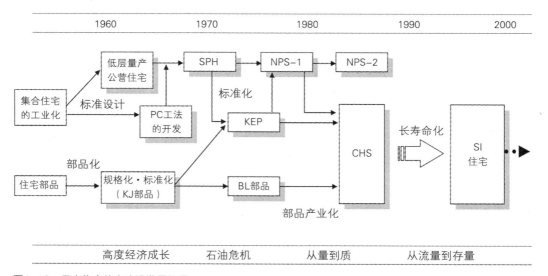

图1-12 日本集合住宅建设发展历程

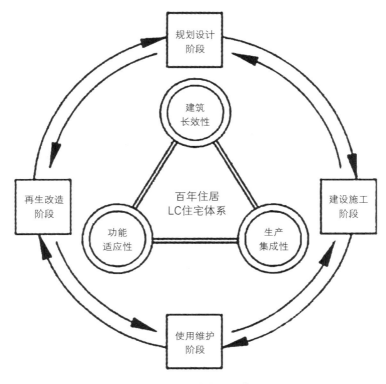

图1-13 百年住居理念

深入研究和推广SI住宅。直到2010年，从国家层面第一次明确提出住宅支撑体和填充体分离的住宅体系，成为了今后住宅建设的指导方针。

目前的CSI住宅体系具有以下特征：

（1）支撑体形成较大的空间；

（2）竖向管井集中设置；

（3）室内灵活划分；

（4）通过更换、维修实现填充体的耐久性。

今后，SI住宅在可持续发展基本理念的指导下，发展方向将体现在以下几方面：

1）100年以上长寿命优质住宅

以百年住宅为目标，针对建筑长效性、功能适应性及生产集成性，开发新技术，从设计、施工、维护、改造等各方面着手，努力打造长寿命优质住宅，使其成为保值的社会和家族资产，从父辈到子孙辈代代相传（图1-13）。

2）低碳环保绿色住宅

有效利用自然材料和天然能源，采用高新技术，打造省材料、省能源、能够循环再利用、景观良好的低碳环保型绿色住宅。

3）应对老龄化的适老性住宅

在老龄化不断发展的大背景下，努力实现人的一生都可以居住生活的全生命周期住宅，并对应老年人实施全面的无障碍设计。

目前我国在集合住宅中还没有开始普及SI住宅体系，住宅内装上仍存在诸多问题，如：住户内装时随意打砸分隔墙、外墙等，不但会造成二次装修浪费，还会影响建筑整体的美观性，并可能将承重结构破坏，造成安全隐患；委托装修公司内装时，由于内装公司鱼龙混杂，水平不一，也没有统一的管理系统，住户不能确认最终的品质，一旦装修成立，也难以更改或再装修。因此，将来有必要实现包括结构躯体在内的合理生产，有必要考虑精装住宅的供给，还可采用菜单方式，向住户提供多种选择，而且对应外结构以及售后服务，形成完善的结构体与内装分离的SI住宅体系，朝着SI住宅产业化目标发展，并建立保证长期维护、管理的内装、设备系统。

2

SI住宅的建筑设计

2.1 空间特征

1）外观特色鲜明、层次变化丰富

SI住宅为部品化住宅，除了主体结构外，其他部分均为不同的部品组合装配而成，包括外墙及开口部的门、窗、阳台等。从立面外观来看，横向划分更明显，线条连续、统一，而纵向划分更细小、多样化，且开口部可有多种组合变化（图2-1、图2-2）。相较于普通住宅，SI住宅可以通过多个构成要素，更好地体现出外立面不同的虚实变化以及连续的韵律感，以此提升建筑的视觉效果，形成城市风景的一部分。

2）充实的公共空间

住宅的内部空间包括两大部分：公共空间和户内空间，目前中国市场上对于后者已经拥有较为成熟的标准规范及较好的设计水准，但对前者的重视程度还很不够，这在很大程度上影响了住宅的整体品质和舒适度。

公共空间在高层住宅中所占有的面积比例相对较大，一般包括公共出入口（图2-3）、楼梯间、电梯间、候梯厅、公共走廊（图2-4）以及公共管井等。如何进行公共空间的布局与功能的合理衔接、怎样营造充满人性化元素的公共空间环境等，应该成为今后高层住宅设计的重点。

在SI高层住宅中，首先，应通过充实公共空间，满足舒适性、安全性、领域性以及社

图2-1 日本柏丰四季台高层住宅的外立面　　图2-2 日本新田高层住宅的外立面

图2-3 日本高根台居住区高层住宅的公共出入口空间　　　图2-4 日本幕张湾新城高层住宅的公共外廊空间

会交往等方面的需求；其次，应采用人性化设计手段，分别打造各种不同功能的公共空间环境；最后，我们建议沿开口部分增设一处公共交流空间，便于楼内居民聚会或者接待不熟悉的客人时进行谈话、小憩等，同时在每户的门廊前设置半公共性质的入户空间，作为暂时停留空间，可以放置雨伞、板凳等。

3）个性化的户内空间

户内空间是住宅的主要部分，包括各种不同的功能空间，一般划分为居住区域［卧室（图2-5）、起居室（图2-6）］、用水区域［厨房（图2-7）、卫生间、浴室］、交通区域及其他（门廊、室内走廊、阳台）三大部分，有的还包括一些特异性文化、娱乐空间，如书房（图2-8）、游乐室、太阳房等。

由于SI住宅内装与结构分离，户内布局自由度高，可按照居住者的意愿进行户型设计，因此可以为住户提供不可多得的菜单式选择。虽然整个住宅楼只能提供几种不同户型面积的选择，但是可以按照居住者的家庭结构、生活方式以及身体状况等，给出多种不同风格、不同布局、不同功能空间构成的个性化设计，满足不同家庭的需要。

4）与墙体分离的公共立管

在普通住宅中，或者没有集中的公共管井，各种公共立管分散布置在户内部分，或者即使设置了公共管井，也多不完善，排水立管往往就近单独设置在户内的厨卫空间，有时户内还会出现其他穿越楼板的立管，既限制了户内布局的自由度，也给维修、更新等带来很多的不便。

SI住宅最突出的一个特点就是设置与墙体分离的公共立管，而且设置在住宅的公共区

图2-5 卧室

图2-6 起居室

图2-7 厨房

图2-8 书房

域（图2-9），户内只有各种横管，通过各户的表箱空间进行汇总，然后全部通到公共管井中。因此，当公共管道、配线等发生故障时，完全不会影响到户内部分；当户内的管道、配线发生故障时，也不会影响上下户。这样，使得户内布局、内装、管线布置等均具有很高的自由度和可变性，检修、维护、更新、更换等也比较方便。

5）大空间

SI住宅的主体结构采用空心厚楼板和大跨度柱距（8～10m），分户墙及隔墙均为预制部品，因此能够形成户内宽敞的大空间，既利于空间的有效利用，又便于进行二次设计。由于室内没有小梁的羁绊，可以方便自由地进行户内平面布局，既可合并形成面积较大的开放空间（图2-10），也可分割成多个小空间（图2-11）。在功能空间的布局上也有更多的选择，如用水空间的位置可调，居室空间可根据需要将其全部布置在开口部一侧，实现丰富的采光及良好的通风等。

6）层高较高

SI住宅一般采用双层地板和双层顶棚，将排水管、电气配线及通风换气管道等设置在地板下或顶棚上，确保管线空间，因此层高要比普通住宅高，才能保证一定的室内净高（图2-12）。

SI住宅的层高一般在3000mm以上，双层地板内高度保持在130～300mm，双层顶棚内高度保持在150～400mm，需要根据降板、结构梁等的高度进行调整。

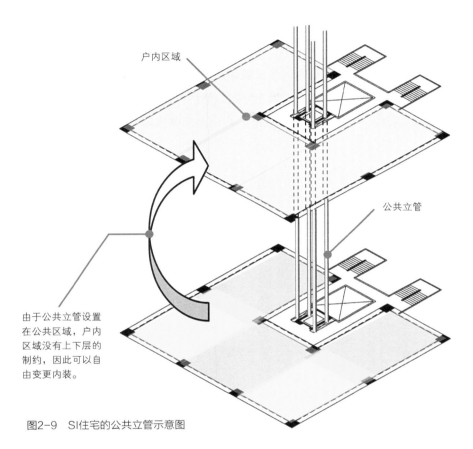

户内区域

公共立管

由于公共立管设置在公共区域，户内区域没有上下层的制约，因此可以自由变更内装。

图2-9　SI住宅的公共立管示意图

图2-10　大空间的合并

图2-11　大空间的分隔

虽然双层地板、双层顶棚在一定程度上增加了层高，但内部为管线确保了充分的空间，外观整齐漂亮，并可加大收藏空间的比例，实际上是科学地提高了空间的利用效率。

7）同层排水

SI住宅采用同层排水系统，排水立管设置在公共管井内，与墙体分离，在户内的双层地板内只设排水横管，在不同部位的地板上会留有检修口，方便维修、更新等，并且不影响上下层住户。

一般户内部分会划分出居住区域和用水区域，用水区域双层地板内的排水横管需要以一定的坡度，先汇集到每户的表箱空间，然后再经过公共区域的横管，最终全部汇集到公共排水立管内。为了达到所需坡度，户内及公共区域的局部需要作降板处理（图2-13），

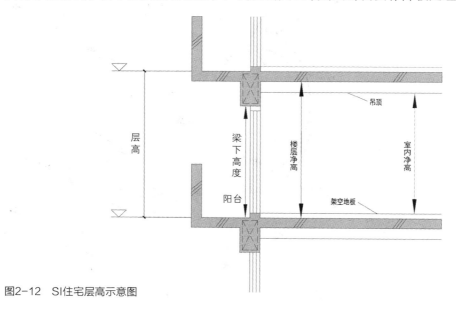

图2-12　SI住宅层高示意图

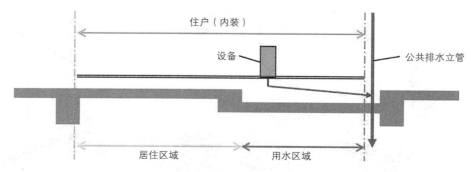

图2-13　降板处理的同层排水示意图

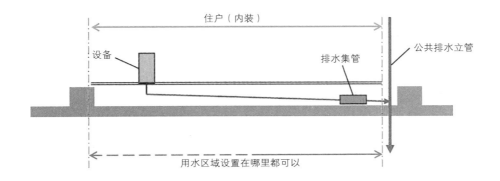

图2-14 反梁处理的同层排水示意图

或者让公共区域的部分横管穿越楼板，布置到下层的双层顶棚内。有时也会采取反梁做法（图2-14），使得用水空间的设置更为灵活。

8）户内布局可变

SI住宅的出发点是让住户参与住宅的设计及建设过程，让住宅适应人的需求，因此住户是否满意是住宅的关键。SI住宅的支撑体与填充体分离的特点，充分保证了住户对住宅内装的主动权，使住户可以根据自己的需要和喜好，任意进行户内布局。在长期的居住生活中，住户可以根据家庭成员的增减、生活方式的变化以及不同的兴趣爱好等进行调整，使住宅成为人们的百年住宅（图2-15）。

除了居住功能空间可以改变大小、位置以外，由于户内没有立管，用水功能空间也可按照需求改变大小及位置等，并且可以针对不同年

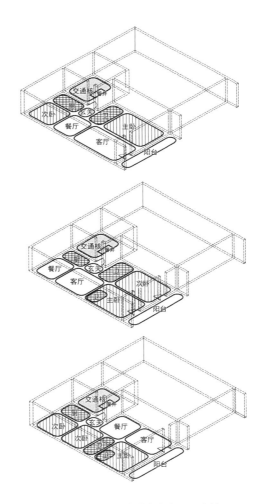

图2-15 百年住宅的户内布局可变性

龄段、不同生活方式的住户，在室内设计上充分体现个性化，如适合浪漫的年轻二人世界，或者快乐的三口之家，或者温馨的老年夫妇，又或者独立创业的单身人士。

9）交通流线通畅

户内交通组织可体现各功能空间之间的联系方式，关系到居住生活的水准和品质，因此交通流线需要按照简短、通畅、有趣味性等原则来设计。

由于SI住宅采用预制部件（包括大量的固定家具）作为分割墙、隔断，因此打破了普通住宅中每个功能空间都是封闭、独立房间的传统。交通动线也随之由原来单一的尽端式线路变为回游性比较强的循环式线路，如门廊向两个方向均可到达室内其他公共空间（图2-16），厨房有两条交通动线分别连接餐厅和卫生间（图2-17）等。

图2-16　连接门廊、客厅、书房的回游动线

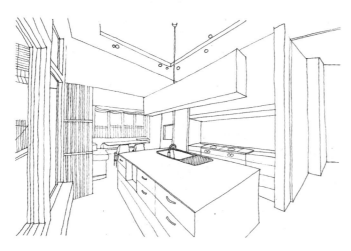

图2-17　连接餐厅、厨房、卫生间的回游动线

图2-18 公共管井

图2-19 工业化施工现场

10）施工、维修、更新方便

SI住宅的长期耐久性结构、可变性内装和设备以及标准构件及部品、预制装配式施工方法等，再加上公共管井（图2-18）、双层地板、双层顶棚、双层墙板、同层排水等特点，均给住宅的施工、维修、更新等带来极大的便利性。当然，要达到SI住宅的普及，其前提条件是要实现住宅的工业化（图2-19）、标准化、模数化等，以此来推动我国住宅产业的整体发展。

2.2 功能空间设计

1）公共空间

关于SI住宅的公共空间，主要讲述一下首层公共空间和标准层公共空间。

（1）首层公共空间

①定义

建筑的首层习惯上指地面标高为±0.00的那一层，又称第一层。住宅建筑的首层公共空间主要包括入口（图2-20）、门厅（图2-21）、走廊、楼梯间、候梯厅等交通空间以及休息交流空间、简单的储存空间等，多数情况下还包括部分商业、社区服务等辅助功能空间，有时首层是底商或车库等特殊功能空间。

②设计目标

· 满足安全防护功能。一般情况下，首层是室内外的过渡空间，是进出建筑的必经之处，安全防护功能是首层公共空间的首要功能，包括自然和人文两方面：自然方面主要指良好的建筑物理环境功能；人文方面主要指安全的防范功能。

· 满足整体住户及其与外界的交流需求。住宅建筑主要承载居住功能，注重隐私保护，因此交流区域相对较少。首层公共空间作为进入建筑的门户，成为了交流的核心区，

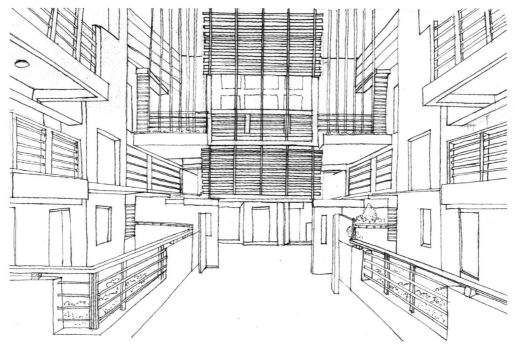

图2-20 住宅建筑的入口

需要满足整体住户及其与外界的日常交流需求。

· 满足多种辅助功能。首层公共空间作为与外界交流的首要空间，宜设置相应的日常服务功能，如信息告示栏、信报箱、小型便利商业、家政、物业等社区服务功能。

· 满足便捷的交通功能。首层公共空间是住宅建筑中交通较为复杂的部分，需要根据不同功能设置不同的动线，如居民出入动线、商业动线、后勤服务动线、停车动线等。

③设计原则

· 明确分区，并通过空间分隔、材质、色彩等，对公共、半公共、隐私区域进行严格的区分与连接。

· 分别设置各类入口及清晰的动线，并尽量使各种动线分离。

· 充实公共交流空间，有条件的可设置独立的交流空间。

· 设置多种辅助服务功能，满足居民日常生活的基本需求。

④功能特点

SI住宅的首层公共空间除了拥有安全性、交流性、交通性、服务性、存储性等功能特点之外，还具有施工快捷、更新方便、功能布局自由度高等功能特点。随着时间的推移，针对住户生活需求的改变，可以非常方便地更改公共空间的功能划分、空间分隔，更好地

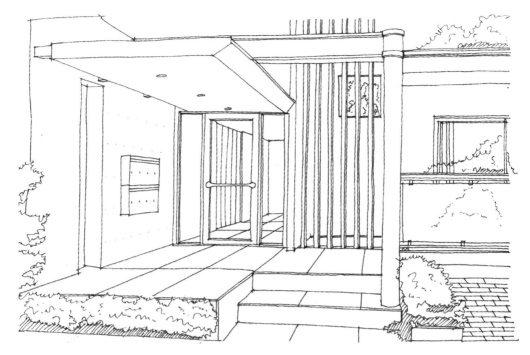

图2-21 住宅建筑的门厅

为住户提供服务。

⑤主要设计方法

· 以住户的数量及需求为基本出发点。首层公共空间的功能较为复杂多变，设计时需明确住户的数量、各类人群的生活习惯以及整体需求，以此确定首层公共空间的基本功能。

· 合理分配各类功能空间的比例。针对住户需求，合理配置各功能空间，强调交流空间的重要性，将其作为一个必要功能空间来考虑，使住宅建筑回归人情味。

· 进行部品化设计。充分了解SI住宅的施工技术、施工流程，结合首层公共空间整体空间关系以及结构特征，进行部品化设计，使整体空间更加高效合理。

· 确定各类功能分区的部品特点。根据各功能分区的特点，合理设计部品的整体风格，并且通过材质及色彩，表现出各分区的差异，同时使各部分符合住户的生活习惯及人体工程学。

⑥部品

· 大部品：入口大门、外墙、分隔墙、地板、顶棚、收纳隔板、信报箱、告示栏等。

· 小部品：门框、门把手、照明、踢脚线、垃圾箱等。

（2）标准层公共空间

①定义

标准层指建筑中平面布置（包括建筑结构、功能分区、空间布局、交通关系等）相同的楼层（图2-22）。住宅建筑的标准层公共空间主要包括走廊（图2-23、图2-24）、楼梯间、候梯厅以及公共交流空间等，有的住宅楼在住户大门外还设置了入户空间，我们将其归类为半公共空间。

②设计目标

· 满足安全防护功能。标准层公共空间直接与本层所有住户相连，是通往各住户（除首层及异形层外）的必经之路。安全防护功能亦是标准层公共空间的首要功能，与首层公共空间一样，需要考虑自然及人文两方面。

· 满足住户间的交流功能。标准层公共空间与本层各住户相通，同时通过电梯或楼梯与其他楼层相连，是本层住户之间或住户内部邻里交流的重要空间，需要打造适于交流的空间氛围，促进彼此的和谐关系。

· 满足住户的私密性需求。标准层公共空间是外部公共空间与户内私密空间的过渡空间，需要加强各住户入户空间的标识性及领域性，以此更好地保护本层住户的私密性。

· 满足交通的简洁与高效性。标准层公共空间的交通动线相较于首层公共空间的交通动线更简单，主要由连接各住户与电梯和楼梯的动线构成，交通组织需体现简洁、高效，

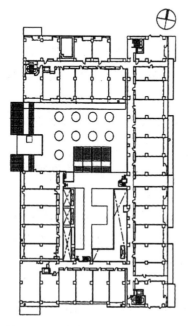

图2-22 日本东云住宅楼的标准层平面图　　图2-23 标准层的外走廊

图2-24 标准层的内走廊

便于日常出入及紧急疏散。

· 合理设置公共管井和各住户表箱空间。结合标准层公共空间的交通动线，合理利用空间，布置各类管井以及各住户的表箱空间，避免对主交通造成障碍或干扰。

③设计原则

· 合理组织直观、便捷的公共交通动线，并设置醒目的标志，明确各疏散口。

· 公共交流空间的设置需注意空间的可达性及均好性，同时不影响周边住户的私密生活。

· 各住户的入户空间设计精巧，既利于隐私的保护，又不影响公共交通的流畅性。

· 保证公共管井及各住户表箱空间的位置合理，空间充足，并在检修、维护时方便，不影响住户。

④功能特点

SI住宅的标准层公共空间在保证安全性、交流性、交通性的同时，通过部品化设计，如在入户空间设置固定的折叠座椅、雨伞杂物收纳箱等，使空间更具人文性、舒适性，能够更好地方便住户的日常生活。

⑤主要设计方法

· 组织高效的交通动线。为了保证住户安全，连接各住户与电梯和疏散楼梯的交通动线力求简短、清晰，同时疏散口明确，疏散距离尽可能短，并保证交通空间无障碍物。

· 强化交流空间。为改善日益生疏的邻里关系，强化各标准层公共交流空间的设计，结合部品化，形成更为人性化、特色化的交流空间。

· 精心设计各住户入口空间。结合部品细部设计，营造出个性化的入户空间，同时考虑适老性、标识性、领域性等特点，使空间具有可变性及可持续性。

· 合理布置公共管井及各住户表箱空间。结合标准层布局及公共空间的交通动线，有效地利用空间，以不影响住户和公共交通动线为原则，合理布置公共管井及各住户的表箱空间。

⑥部品

· 大部品：外墙、分隔墙、顶棚、地板、管井门、楼梯间窗户、沙发、茶几等。

· 小部品：垃圾箱、照明、固定折叠椅、雨伞杂物收纳箱等。

2）户内空间

（1）门廊

①定义

门廊指住户的入口空间，可起到室内外的连接、过渡及缓冲的作用（图2-25）。门廊是从室外进入室内的第一进空间，代表着住户家庭的脸面，也是集进出、换鞋、更衣、收藏随身小物件等作用于一体的空间，以及室内外不同卫生条件的切换空间。

②设计目标

· 体现居家的第一印象——"颜面"与"气息"。颜面代表着一个家庭的精神风貌和气

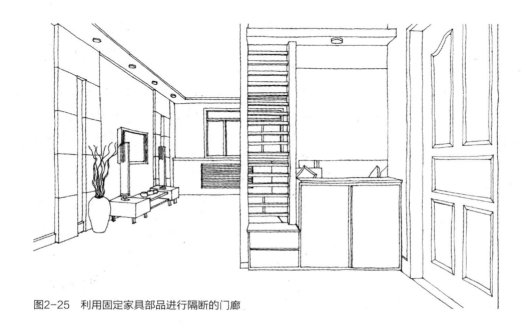

图2-25　利用固定家具部品进行隔断的门廊

度，门廊的室外部分更注重安全性和空间尺度的打造，门廊的室内部分则更注重舒适性，让人能感受到家庭的温暖。气息代表着一个家庭的个性特点，门廊标志着一个家庭的品位和思维方式，因此，门廊设计要与住户的性格相适应。

- 满足门廊的基本功能。首先，门廊是隔绝大自然的风吹日晒和抵挡外界犯罪及不良影响的有效阻断空间，要满足领域性和安全性；其次，为了防止病毒、细菌的侵入以及潮气、湿气、干燥的干扰，要满足卫生性，并提倡美观设计；再次，门廊是进出室内外、更衣、换鞋、摆放随身小物件及收藏的地方，需要满足过渡性。

- 满足精神方面的功能。注重独立性和隐私性，这是更高的要求，在某种程度上要形成相对独立的空间，与室内空间有所隔离，并遮挡视线，成为可以整理仪容、切换心情的隐私空间。

③设计原则

- 安全性：具有防范和防灾设计，并确保使用上的安全。
- 过渡性：确保空间的独立和自我完整，并考虑视线遮挡、洁污分离、心情切换等。
- 便利性：考虑人体工程学及生活习惯上的便利。
- 舒适性：确保建筑环境的舒适度，并注重生活气息的营造。
- 可持续性：从部品的标准化和日常的检修、维护、清扫以及物业管理等方面，确保住宅的可持续利用。
- 适老性：注重门廊的可识别性、人文尺度，保证无障碍设计。

④标准门廊技术图（图2-26 ～ 图2-28）

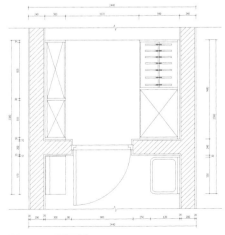

图2-26 平面图

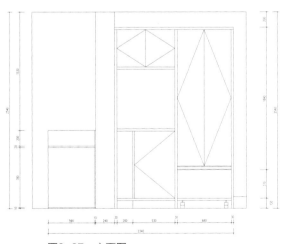

图2-27 立面图

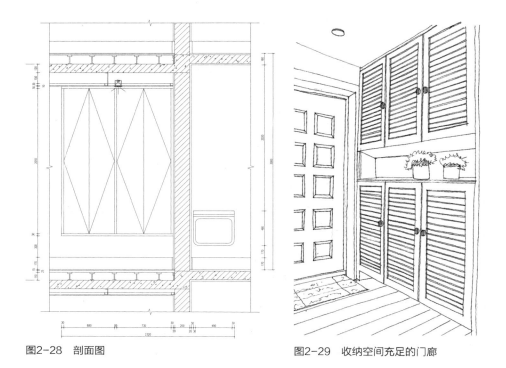

图2-28　剖面图　　　　　　　　图2-29　收纳空间充足的门廊

⑤功能特点

SI住宅的门廊具备"面子"形象、防范性、隔离性、过渡性、集散性等功能。此外，通过收纳柜部品设计（图2-29）、适老性设计、地面检修口的设置等，还具有了收纳储藏，适合老年人利用，方便日常检修、维修等功能，并大大提高了舒适度。

⑥主要设计方法

· 结合门廊功能选择，确保足够的空间尺寸。一般门廊的面积宜控制在3~4m²，宽度与进深在2m×1.5m以上，高度宜保证在2.5m以上，可以结合需求进行相应的扩展。门廊的收纳尺度也很重要，一般家庭可以控制在2m×1.8m×0.5m左右，在此基础上可进行适当的增减。

· 高效合理地进行门廊功能搭配和部品连接。门廊内的大部品都是各种功能的混合体现，门廊内的小部品更重视便利性和舒适性，需要确保部品尺寸的标准化和模数化，并进行精细设计，方便利用、维修、更换等。部品之间的连接需要在产业化的基础上，结合施工技术，减少工序和流程，提高效率。

· 符合出入门廊的生活习惯和人体工程学，提高门廊使用的便利舒适度。在门廊设计上，要充分尊重居住者的个性特点，从功能、尺度、利用方式到色彩、材质，体现和顺应其生活需求。同时，要结合家庭内部成员的人体工学特点，分别进行差异化设计，以适合全体成员的使用。

- 与住宅生产系统相结合，符合建设施工的流程与方法。要想更加合理高效地进行住宅设计，需要充分了解住宅生产的全过程，包括部品的生产、组装，住宅的建设、使用、运营、解体等，其中尤为重要的是SI住宅施工技术和流程管控，这是SI住宅设计者必须掌握的基本知识。

⑦门廊部品

- 大部品：大门、衣柜、鞋柜、换鞋凳、镜子、文化装饰等。
- 小部品：门框、门把手、消音锁、门阻、可调铰链、缓冲条、防夹手装置、踢脚线、收纳柜组合板、感应灯等。

（2）厨房

①定义

厨房指住宅户内准备食物并进行烹饪的空间，通常由流水台、灶台、操作台、收纳等构成，相对独立，有良好的采光和通风换气装置。

②厨房的设计目标

- 满足烹饪的基本功能。烹饪是厨房的基本功能，在设计上要满足制作食品的基本流程的需要：食材入室、摆放和收纳、清洁、切剥等粗加工；烧、煮、煎、炸等烹饪过程及冷盘处理；临时摆放和配餐、食品出炉。因此，需要配备相应的水池、灶台、烤箱等设备以及相应的收纳空间和冰箱、餐具等；同时，还需要配置保证厨房卫生健康环境的通风、换气、采光、照明等设备或技术措施。
- 满足正餐与简餐结合的需求。根据每个家庭的生活习惯特点，可有正餐和简餐之分。一般来说，大多数家庭早餐相对简单，而将午餐或晚餐作为正餐。也有的家庭在周末实行两餐制，将午后餐作为正餐。因此，宜有意识地分别形成正餐与简餐所需要的不同食材的烹饪过程、工具、环境等，便于使用。
- 满足家庭交流的需求。在做饭时，如果可以与餐厅、客厅的家人进行交流，不但能增加工作热情，增进家庭成员的参与度，同时还可以起到照看孩子的作用，因此需要注重与餐厅、客厅的一体化设计（图2-30）。

③设计原则

- 设置齐全完善的设备，满足厨房工作的流程。
- 厨房环境卫生、清洁，通风、采光良好，配有足够的收纳空间。
- 高效率、低能耗，利用高科技打造生态型厨房。
- 结合周边功能空间进行一体化布局，方便家庭内部的交流。

图2-30　与餐厅一体化设计的厨房

④标准厨房技术图（图2-31～图2-33）

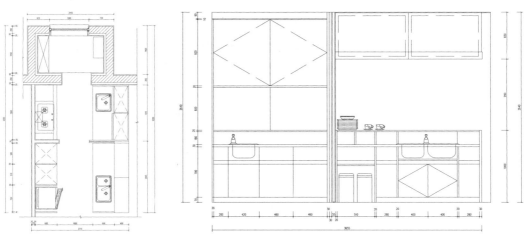

图2-31　平面图　　　　　　　图2-32　立面图

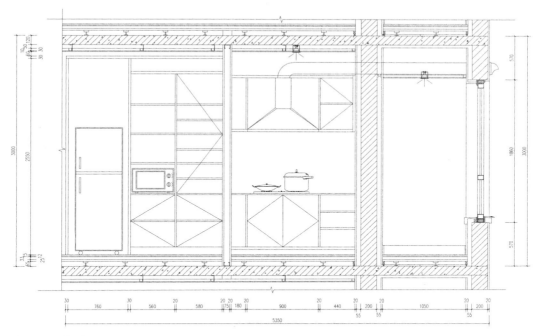

图2-33 剖面图

⑤功能特点

　　SI住宅的厨房具有烹饪、收纳、连接、交流等四大功能，同时通过高科技和新材料，还具有现代化厨房的生态环保、自我循环、智能管理等特点。通过标准化设计，整体厨房成为SI住宅的另一个重要功能特点，设备配套、齐全，可以提供多元化选择。

　　⑥主要设计方法

· 结合家庭特点和需求，确定适宜的厨房规模及形态（图2-34）。最基本的厨房烹饪功能所要求的面积约4m²，可在此基础上，结合家庭饮食文化特点，确定适宜的规模和构成。

· 细部设计符合进行烹饪的具体工作特点。烹饪工作自身的流程要求有细部设计，涉及洗菜、做饭、洗碗、清洁、厨房用具的收纳等一系列部件，都需要结合形式与安全性来设计。

· 增大厨房收纳空间，并重视使用的便利性。追求精细生活的家庭，需要更多的食材、调味品、小工具等的收纳空间，包括冷柜、冰箱等。现代生活中料理种类繁多，多元化混搭现象明显，需按实际状况进行不同的细部设计。

· 紧密结合部品进行设计。整体厨房设计提供了菜单式部品选择，可自行组装、更换，厨房形态也可调。与厨房设备部品形成良好的衔接，并将检修口隐藏设置在收纳内

图2-34 布局灵活的厨房

部，可以保证外部形象的美观、统一及维修的方便。

⑦部品

· 大部品：烹饪用部品（灶台、洗碗机、水槽、抽油烟机、烤炉、电饭煲、微波炉、冰箱、冰柜等），设备部品（通风换气管道、排风扇、燃气和水电管线、生活垃圾处理器等）。

· 小部品：收纳部品（各种烹饪工具、食材、调味品等的收纳），众多方便料理用的小部品（挂刀具、铲勺、毛巾的挂架，水槽的过滤栏、酒架等），设备部品（照明、插座等）。

（3）卫浴

①定义

卫浴指用于便溺、洗浴、盥洗等日常活动的空间，是卫生间和浴室的统称。卫浴是户内重要的用水空间，在空间分配上，卫生间和浴室常常合并在一起，但有一定的空间分隔；当空间宽裕时，可以分别独立设置。

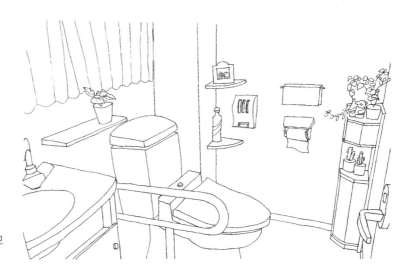

图2-35 具有适老设计的卫生间

②设计目标

· 满足便溺、洗浴、盥洗的功能。便溺、洗浴、盥洗是卫浴的三大基本功能，在设计时需要做到干湿分离，卫生整洁。同时要考虑到全年龄段的使用便利性，如为老人进行适老设计（图2-35），或提供小孩用的设备等。

· 满足仪容整理、简单化妆的功能。卫浴属于户内的隐私空间，在洗浴、盥洗之后，也是家庭成员进行仪表整理、简单化妆的重要场所，需设置镜子、化妆台及收纳等，方便使用。

· 满足洗涤的功能。为实现卫浴空间的高效性，宜将同样需要用水的洗涤功能并入卫浴空间，设置洗衣机位，实现空间的高度整合。

· 满足放松心情的需求。作为隐私空间，卫浴也是一个能够使人完全放松下来的地方，如舒服地泡澡、测量体重、在镜前审视自己的身体、如厕时读书看报等，需要注重遮挡，并营造舒适的环境。

③设计原则

· 根据具体的空间规模、形状，确定卫浴的形式，如采用什么形状的卫浴空间、是否需要浴盆、是否设置独立的厕所等。

· 干、湿分离，保持浴室之外的空间干燥、卫生，并可延长设备的寿命。

· 具备良好的通风、换气、加温系统，可去湿、去味、保温，提高空间的舒适度。

· 保证良好的防水、防潮处理和通畅的排水，如铺设隔蒸汽层、使用环保的防水材料、选择合理的下水口位置、采用局部降板处理等。

· 注重安全设计，如地面使用防滑材料、墙面安装把手等，避免滑倒。

④标准卫浴技术图（图2-36～图2-38）

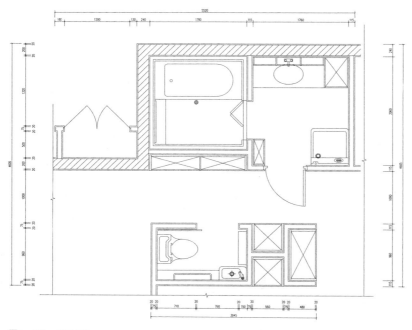

图2-36 平面图

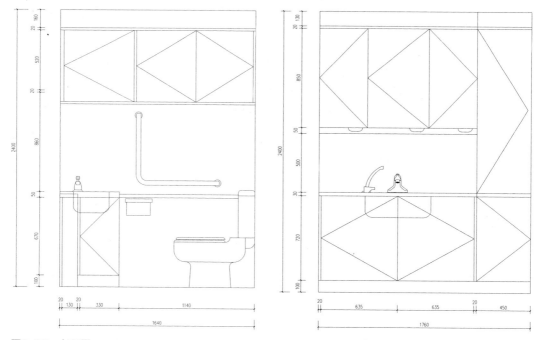

图2-37 立面图

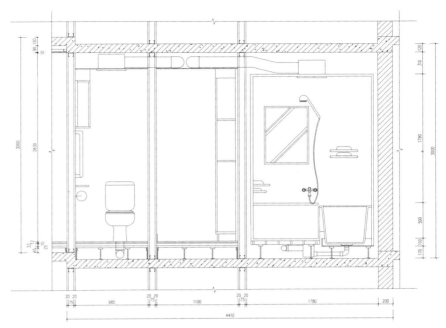

图2-38 剖面图

⑤功能特点

SI住宅的卫浴尤须重视干湿分离（图2-39）及一体化设计，通常采用标准化、模数化的整体卫浴，具有品质高、施工快、防水防漏性能好等功能特点，能够在有限的卫浴空间内实现多种功能，且卫浴设备配套，安装、维修方便。

⑥主要设计方法

· 基于功能选择，确保足够的空间。根据住户的生活习惯及喜好，确定卫浴功能，如需要浴缸还是淋浴或两者兼有、盥洗台的大小、便器的规格及类型等，从而确定整体卫浴的空间大小。

· 明确干湿分区，并强调内部动线的合理性。卫浴内部采用干湿分离的做法，为避免湿

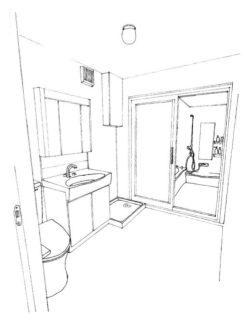

图2-39 干湿分离的卫浴

区对干区造成干扰，湿区应处于动线末端，或者干、湿区分别采用不同动线。

· 合理配置各部分空间尺寸。结合住户生活习惯和人体工学，配置各部分空间的尺

寸，并避免造成功能在使用时的相互影响。为方便利用，宜在卫生间设置放置洗衣机的空间。

· 与SI住宅部品紧密结合，进行一体化设计。将卫浴作为一个整体来设计，提高户内空间利用率，同时也利于安装施工及维护检修。

· 强调内部的通风除味，营造舒适空间。卫浴是重要的用水空间，味道较重，在设计时要重点考虑通风除味的问题，营造出更加温馨舒适的空间环境。

⑦部品

· 大部品：便器、浴缸、淋浴间、盥洗台、收纳、镜子、洗衣机、通风换气装置等。

· 小部品：扶手、莲蓬头、水龙头、手纸挂架、储物架、毛巾架、洗衣机托盘、照明、插座等。

（4）客厅

①定义

客厅指住宅户内接待客人或者家庭成员休息、娱乐、团聚的空间，也称起居室。在整体布局中，客厅往往占据着核心位置，在日常生活中使用最频繁，既是家庭外交的主要场所，也是家庭内部的活动中心，代表一个家庭的对外形象和生活品位。

②客厅的设计目标

· 满足会客、待客功能。客厅是户内最大的开放空间，首先需要满足最基本的会客、待客功能，一般要具有充足的采光、良好的视野（图2-40），在布置上大方、庄重，并提供为客人服务的相应设备，方便客人落座、茶饮、交谈等。

图2-40 宽敞明亮的客厅

· 满足家庭成员的日常活动功能。客厅属于户内的公共空间，是家庭成员利用最频繁的功能空间，也是促进全家人情感交流的重要场所，需要满足日常的休息、饮食、娱乐、交流等功能。有时还会兼顾书房、健身房、影音室等附加功能，特别是在空间有限的情况下，需要根据住户的性格及喜好，进行灵活布置，是户内功能最多元化的区域。

· 体现家庭的生活品位与文化氛围。客厅既承担待客显身的重任，又兼具家庭活动中心的功能，需要花心思精心设计，在风格上体现一个家庭的气度形象和文化氛围，并在布置上反映主人的生活品位、独特个性、精神风貌等。

· 具备相应的收纳功能。客厅像一个多功能厅，功能繁杂，要应对多种多样的活动需求，因此需要有足够的收纳空间，便于储存、收藏随时使用的器具、用品等，避免空间杂乱。

③设计原则

· 客厅形状尽可能规整，分区明确，可以根据各家庭成员的特点和喜好进行灵活布局。

· 考虑与其他各功能空间的相互关系，设置明确、便捷的活动流线。

· 充分考虑客厅的多元化功能，实现空间整合，提高空间利用率。

· 确保客厅明亮通透，格调淡雅，环境舒适。

④标准客厅技术图（图2-41、图2-42）

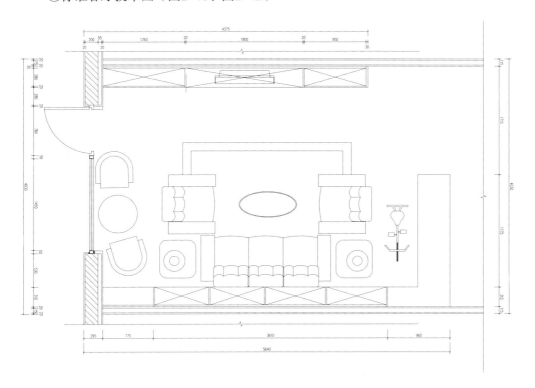

图2-41 平面图

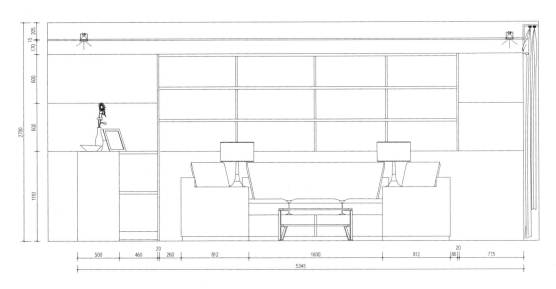

图2-42　立面图

⑤功能特点

SI住宅的客厅具有多元化功能特点，包括会客、交流、餐饮、娱乐、健身等。此外，由于SI住宅的大空间特点，宽敞、通透，且布局灵活，变更方便，从而使得客厅可以组合成多种多样的形式，既可独立存在，也可与阳台、餐厅、厨房连为一体。

⑥主要设计方法

· 结合客厅的功能选择，确保足够的空间尺寸。

客厅作为户内功能最为繁杂的空间，要结合家庭的切实需求来确定合理的功能，并确保足够的空间尺寸，一般宜保持20㎡左右的相对独立空间。

· 考虑多元化功能，进行合理布局。

在设计客厅时，应考虑不同家庭成员的不同需求、生活习惯等，进行空间区划和平面布置，可以利用SI住宅的部品化特点，为以后的变更提供多种可能性。

· 吸收其他功能和空间，放大客厅的尺度感。

客厅具有很强的包容性，在合理布局的同时，可以将一些其他功能和空间包容在客厅内，如客厅内设置书房、与餐厅或阳台一体化设计（图2-43）等，在空间尺度上起到放大作用，提高空间的通透性。

· 与私密空间之间需要有隔离。

客厅属于户内的公共空间，不宜与一些私密性较强的功能空间直接相连，如主卧、卫浴等。可以采用收纳柜、装饰隔断等进行视线遮挡，或在交通上制造缓冲区，避免直接的

图2-43 包容了书房并与餐厅一体化设计的客厅

视线穿透。

⑦部品

· 大部品：沙发、茶几、电视柜、电视、音响、书柜、书画作品、电脑、跑步机、游戏机、收纳柜、地毯等。

· 小部品：图书、影碟、哑铃、小盆栽、桌布、鼠标、键盘、照明、插座等。

（5）卧室

①定义

卧室指住宅内睡眠、休息及进行隐私性活动的空间，也称卧房、睡房，在两室及以上的户型中又分为主卧和次卧。人的一生大约有三分之一的时间要在卧室中度过，卧室与住户的个人生活密切相关，卧室环境的好坏，直接影响到居住者的生活品质、家庭幸福、身体健康等。

②设计目标

· 满足睡眠、休息的功能。为了满足人们最基本的睡眠、休息功能，卧室需要安静、舒适的建筑物理环境。同时，床是必不可少的重要家具，宜根据房间的大小及个人生活习惯挑选合适的床。

- 满足私密活动的功能。卧室的私密性非常强，既是个人更衣、化妆的空间，也是夫妇间倾诉衷肠、温馨浪漫的地方，要有良好的隔声、遮挡效果。当主卧空间宽裕时，可考虑设置附属的卫生间及步入式更衣室，方便使用。
- 满足收纳的功能。卧室内需要有充足的收纳空间，用来放置大量的个人衣物和被褥等床上用品，除了衣柜、五斗橱、床头柜等，还可以有效利用床下空间、地板下空间以及家具上、下的剩余空间等。
- 满足工作、谈话的功能。卧室专属个人领域，还可作为个人工作、学习以及和朋友说私密话的地方，可以放置书桌、椅子或小沙发等家具。

③卧室的设计原则

- 保持良好的自然通风、采光、日照（图2-44），照明以柔和灯光为主。
- 保证良好的隔声、防噪效果，确保私密性不被破坏。
- 充实收纳空间，用来放置四季的被褥和衣物，保持室内整洁。
- 在内部装饰上应简洁，并能突出居住者的个性和风格。

图2-44　采光良好的卧室形象

④标准卧室技术图（图2-45、图2-46）

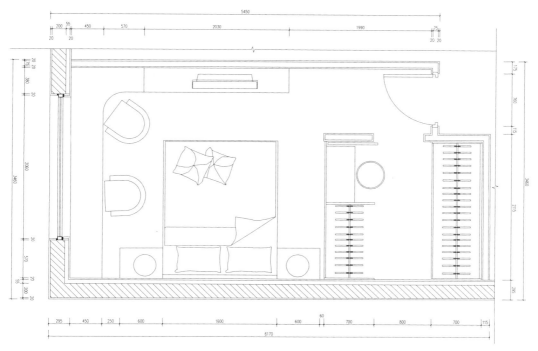

图2-45 平面图

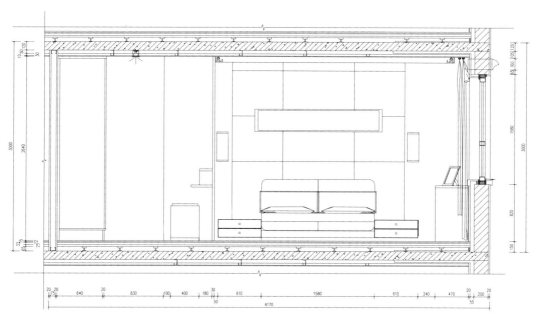

图2-46 剖面图

⑤功能特点

SI住宅的卧室具备舒适性、私密性、多功能性等特点，根据房间的大小及个人需要，还可以进行多样的灵活变动，如整合卫浴空间、更衣室以及工作空间等，提高空间利用率和空间品质。

⑥主要设计方法

· 确保良好的通风、采光、日照。在设计时，通常将卧室置于户型外侧靠窗的部位，多数朝南，确保自然通风，自然采光，日照充足。一般在主卧的外面设置阳台，或与阳台一体设计，景观视野也不错。

· 营造安静、舒适、温馨的环境。卧室应具有良好的隔声效果，且灯光柔和，色彩明快，适宜休息及私密活动（图2-47）。同时，要保证卧室具有适宜的温度和湿度，可以采用空调进行调节。在老人或孩子的房间，可以根据人体工学进行特殊设计，保证使用上的方便、舒适。

· 强调多功能及变更性。在保证卧室基本功能的同时，结合房间的大小及个人需要，可以增设一些附加功能空间，尤其是主卧，可以设置专属卧室的卫生间、浴室以及步入式更衣室等，或者划分出一部分工作区域、增加收纳空间等，也可根据需求的变化进行适当的变更，如将更衣室变为婴儿房等。

图2-47　可以与朋友进行私密谈话的卧室

· 注重个性化设计。卧室的内装风格应以简洁为主，装饰不宜过多，但应能体现居住者的个性，满足居住者的生活习惯和喜好等，可以适当摆放一些具有个人标志性的用品及装饰品等。

⑦部品

· 大部品：床、衣柜、五斗橱、电视、床头柜、化妆台、书桌、椅子、书架、收纳、被褥、衣物、地毯等。

· 小部品：台灯、闹钟、装饰品、书籍、照明、插座等。

（6）阳台

①定义

阳台指住宅户内供休闲、锻炼、摆放盆栽或晾晒衣物等的室外空间，是室内空间的延伸，但在寒冷的北方，多数为封闭阳台。阳台按照结构一般分为悬挑式、嵌入式、转角式三种形式，按照功能又可以分为生活阳台（一般与客厅、主卧相连，供休闲、观赏用）和服务阳台（一般与厨房相连，供存放物品用）两大类。

②设计目标

· 满足日常户外活动的功能。生活阳台是提升住宅品质的重要空间，需要满足晒太阳、纳凉、呼吸新鲜空气、锻炼、观赏外面的景色等户外活动功能。

· 满足养花种草的绿化功能。阳台接近大自然，是住宅内少有的绿色空间，可以充分利用户外空间的优势，养花、种草等，进行绿化。

· 满足晾晒衣物、存放物品的功能。阳台上具有良好的日照条件，按照国人的生活习惯，阳台的另一个重要功能是晾晒衣物、被褥等，提供生活的便利。服务阳台还可存放闲杂物品等，增大收藏空间。

· 满足紧急疏散、逃生的功能。在住宅中，尤其是高层住宅中，为应对紧急灾害，除了消防楼梯和电梯，阳台也可作为一条疏散、逃生通道使用（图2-48）。

图2-48 设有逃生口的阳台

③设计原则

· 兼顾实用与美观，使阳台成为生活中不可缺少的功能空间和立面上的亮点。

· 注重安全性，设置防跌落装置，并作为疏散通道之一，设置逃生装置。

· 强调舒适性，形成功能多样、空间变化丰富的休息、休闲场所。

· 与室内相关空间一体化设计，功能互动。

④标准阳台技术图（图2-49、图2-50）

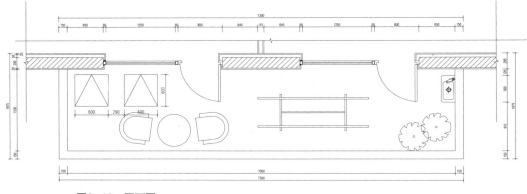

图2-49　平面图

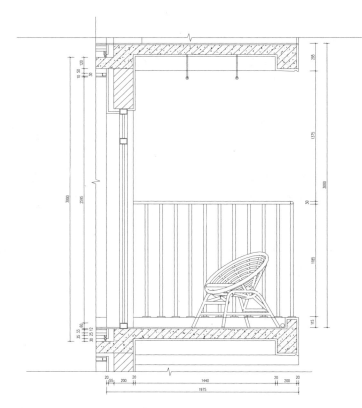

图2-50　剖面图

图2-51 连接餐厅、客厅的阳台

⑤功能特点

SI住宅的阳台作为一个标准部品，除了具有实用性、美观性、安全性、舒适性的功能特点之外，还具有多样化组合、功能多变等特点，从而将阳台从以晾晒为首要目的的功能空间中解放出来，成为了一个多功能、高品质的空间。

⑥主要设计方法

· 合理定位，选择适合的阳台类型。结合住宅楼的形态以及功能特点，选择或悬挑或嵌入或转角的阳台形式，并依据地理位置确定设置开敞阳台还是封闭阳台。

· 结合整体立面设计，确定阳台风格。阳台是重要的立面景观元素之一，在立面设计中占据重要的位置。可以通过阳台的凹凸变化，材质、颜色的不同等，增加立面的变化和丰富性。

· 考虑与室内空间的功能互动。生活阳台一般与客厅、主卧相连，服务阳台一般与厨房相连，可以结合客厅、卧室、厨房等功能空间进行一体化设计（图2-51），使阳台演变为观景台、阳光房、健身房、茶饮室、书房、储藏室等。

· 形成室外或半室外的自然空间。在户内，阳台或露台是唯一的室外、半室外空间，与大自然最接近，应充分利用其优势，进行身边的绿化，使其成为住宅中的空中花园。

⑦部品

· 大部品：推拉门、栏杆、晾衣架、收纳柜、运动器械、太阳伞、桌子、躺椅等。

· 小部品：花盆、花架、装饰品、照明等。

（7）收纳

①定义

在现代住宅中，收纳指具有收藏、储存物品功能的空间。收纳空间贯穿住宅的各个功能空间，与活动家具相结合，共同构筑完美的住宅室内空间。

②设计目标

· 空间的有效利用。充分利用地板下空间、家具下部空间、角落空间、上层空间、墙体内空间以及剩余空间等，充实收纳、储藏空间。

· 利用的便利性。常用的收纳尽可能布置在伸手可及的空间，可以不费力、不登高、不俯身即可利用；充分利用一些随时可利用的空间，对标准化部品进行不同的组合、变更；身兼储藏、隔断、遮挡、座椅、装饰等多种功能。

· 方便整理和清扫。收纳应分类设置，不同功能种类的物品分别收纳，注意同一收纳空间的洁污分离、功能分离等；考虑物品易取、易放、易整理；不留卫生死角，便于清扫。

③设计原则

· 利用一切不妨碍平时生活的剩余空间，使空间利用最大化。

· 按照利用频率布置收纳的位置，设置多功能收纳（图2-52），注重利用的便利和外观的整洁。

· 采用标准部件，使收纳的尺寸、位置、布局等可变，还可采用可移动收纳提高可变更性。

· 收纳空间的施工与住宅建设相结合，预留金属及木制部件孔洞，方便固定收纳及可移动收纳的安装。同时进行部品化设计，确保操作简单，维修、更换方便。

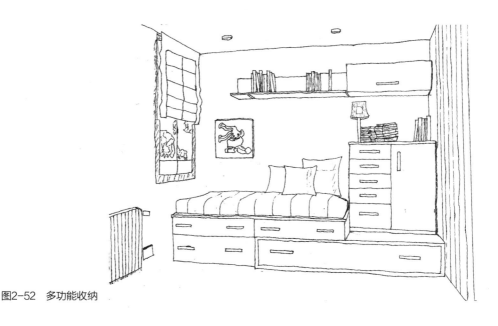

图2-52 多功能收纳

④收纳透视图（图2-53～图2-56）

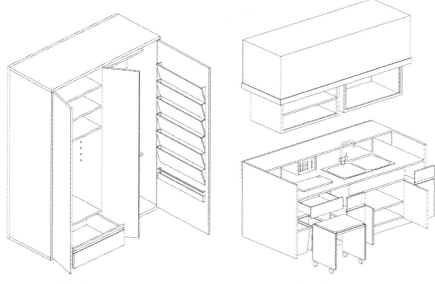

图2-53　衣柜透视图　　　　　　　　图2-54　厨房收纳透视图

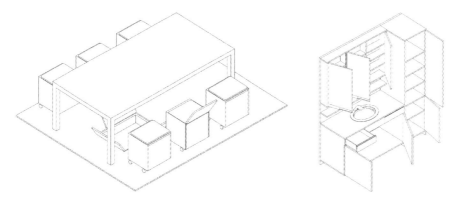

图2-55　餐厅收纳透视图　　　　　　图2-56　盥洗室收纳透视图

⑤功能特点

SI住宅的收纳具有储藏、装饰、隔断、遮挡、座椅等多功能特点，可提高空间利用率，更重要的是通过部品的标准化设计，使得收纳具有更为自由的可变更性，安装、维护、更换更方便。

⑥主要设计方法

· 明确收纳的种类、规模。根据结构布局、物品大小、收藏功能等，确定相应的收纳形态、规模、开启方式等，并结合主人的性格特点、兴趣爱好以及相关物品比例，进行规模预测设计，并留出增加或减少的可变性。

· 选择合理的摆放位置。不同的空间位置，对收纳的内容和形式要求也不同，应区别对待。即使同一空间内，根据使用频率、取放的便利等条件，不同的位置所储藏的物品也不同，需根据具体情况进行选择。

· 收纳的部品化设计。采用部品化设计，可以使各种小部品在户内的其他收纳空间中也能被利用，不同尺寸规格的部品可以相互替换，也可以使施工流程设计变得极为简洁，且维修方便。

· 收纳细部的精细处理。根据空间特点和功能特点，收纳的开启可以采用平拉、平开、按钮、推拉等多种方式。积极采用那些能够随时随地利用的收纳方式，并有效利用小的剩余空间、角落空间，增加收纳容量。同时，与住户的生活习惯相结合，可以设计一些个性化收纳样式。

⑦部品

· 固定收纳：与空间特征相结合来布置，收纳内容与该功能空间的使用功能相结合。但固定收纳的整理与清扫受到空间布置的限制，维护和检修对住宅空间功能有干扰。

· 可移动收纳：布局灵活，可布设在住宅的各个角落，并可结合内部需求，起到空间分隔和过渡作用（图2-57）。收纳的内容与个人生活习惯相关联，且清扫、维修方便。但相对于固定收纳，安全性较低，尤其是高大的家具要考虑移动后的固定问题。

图2-57 可移动收纳

（8）其他变异空间

①定义

其他变异空间指住宅内除了前面所讲述的七个基本功能空间外的其他空间。随着社会、经济的发展，人们对生活品质的要求越来越高，因此随之出现了越来越多的功能各异，且具有针对性的变异空间，也是体现住宅品质的重要空间之一。

②设计目标

· 满足家庭成员的生活需求。当住户的生活产生新的需求时，灵活多变的变异空间可作为多种功能空间被利用，如新增的客房、婴儿房、儿童房、老人房、阳光房、吧台等。

· 满足家庭成员的工作需求。根据住户的工作需要，变异空间还可以作为新增的工作室、办公室、小会客室（图2-58）等功能空间被利用。

· 满足家庭成员的精神需求。在满足了基本物质需求后，精神方面的需求会变得日益重要，变异空间还可以变为娱乐室、游戏室、书房、影音室等功能空间。

· 满足家庭成员的健康需求。在有条件的情况下，变异空间还可以作为健身房、瑜伽室、舞蹈室等功能空间，满足住户进行锻炼、保持身体健康的需求。

③设计原则

· 以满足家庭成员的切实需求为根本出发点，进行变异空间设计。

· 在空间富余的情况下，可作为独立的变异空间利用；当空间不足时，宜将该功能植入原有的功能空间中，避免户型内部的盲目划分。

· 注重空间的高度整合性，灵活布置，达到室内空间的扩展。

· 变异空间需要具有可重复使用或者更新改造的可能，以实现住宅的可持续利用。

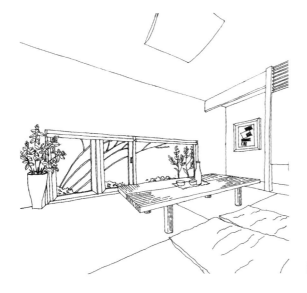

图2-58　作为变异空间的日式会客房间

④其他变异空间技术图（图2-59～图2-61）

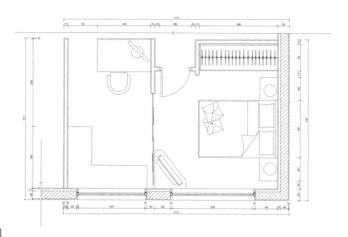

图2-59　书房+卧室平面图

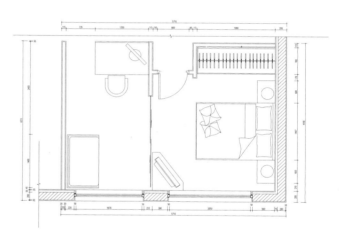

图2-60　婴儿房+卧室平面图

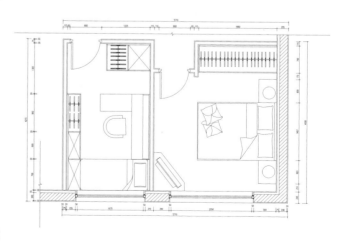

图2-61　阳光房+卧室平面图

图2-62　作为变异空间的儿童游戏室　　　　图2-63　作为变异空间的书房

⑤功能特点

SI住宅体的其他变异空间通过部品化设计，具有了实用性、多样性、可变性、高度整合性等功能特点，实现了户内空间的最大化利用。同时，施工、维护方便，通过局部部品的更换，即可完成从一种功能空间向另一种功能空间的转换。

⑥主要设计方法

· 根据需要选择合适的功能，确定变异空间的性质（图2-62、图2-63），并确保足够的空间尺寸。

· 结合其他功能空间进行变异空间的布局设计，如婴儿房宜设置在与主卧室相邻或连通的位置，书房宜结合客厅一体化设计等。

· 遵循空间功能高度一体化原则，设置适当的过渡场所，将相关功能空间连为一体。

⑦部品

· 大部品：电视机、音响、书桌、书柜、收纳柜、座椅、健身器材、婴儿床、老人轮椅、小型台球桌、吧台等。

· 小部品：台灯、笔记本电脑、书籍、酒杯、瑜伽垫、玩具、照明、插座等。

2.3 交通组织

1）公共交通

（1）设计原则

①便捷性

交通动线应简单、明确，避免线路过长或者过于复杂而对住户造成困扰。同时，电梯和楼梯作为重要的垂直交通手段，应按照住户的户数进行足够的配备，且各住户到电梯、疏散楼梯的距离不宜过长。

②安全性

应保证良好的建筑物理环境，使其具有良好的通风、照明、隔声、隔热、保温、防震等功能。同时，确保消防疏散通道的畅通，避免交通空间上出现阻碍物或者干扰通行的消极空间。还要注重防范和防灾功能，设置智能监控设备、防盗装置以及消防、防水等设备，确保安全。

②舒适性

在入口大厅、候梯厅、走廊、公共交通空间等处，设置座椅、扶手、轮椅等，创造老人、小孩以及残障人士均可舒适利用的环境（图2-64）。还要进行无障碍和适老设计，避免地面高低差的出现，强调不同空间的色彩、材质等的差别，并设置醒目的标志等。

④交流性

结合公共交通空间，就近设置交流空间，或者直接拓宽交通空间作为交流空间。现代生活的居住模式及生活方式导致了邻里关系的疏离，交流空间的设置一方面可以促进普通的邻里关系，另一方面也可帮助老年人脱离孤独，使他们不用到户外即可与他人交流、聊天。

图2-64　舒适的住宅楼入口大厅

（2）基本类型

住宅楼的公共交通包括首层交通、标准层交通、地下层交通等。

①首层交通

建筑首层空间是直接与外界地面相连的空间，交通上注重与室外的连接。在自然层面上，首层交通的标高与室外地坪的标高相差不大，可通过坡道实现无障碍设计；在人流层面上，具有很强的流通性，是进出住宅楼的必经之地，可通过交流空间、缓冲空间的设置，对室内外空间进行很好的衔接和过渡。

②标准层交通

标准层的交通方式以交通核型、外廊型、内廊型等空间组织形式为主，国内的住宅楼多以交通核型为主，有的是交通核与走廊相结合（图2-65）。标准层交通既是当层住户往返于户内与垂直交通的必经之路，同时也承载了部分交流功能，是住户之间公共交流的重要场所。

③地下层交通

地下层交通主要包括人行与车行两种动线。一般地下层多为车库，有独立的车行出入口；人行交通通常与交通核相连，有的在地面层还设置了单独的人行出入口，停车的人可以通过电梯或楼梯进入住宅楼内。

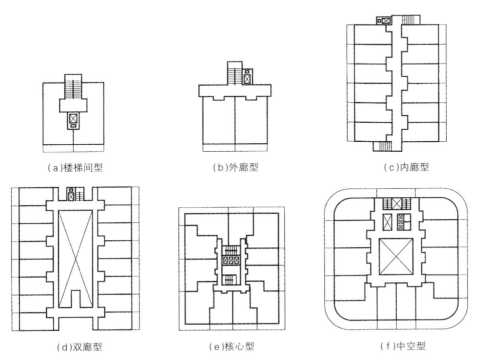

（a)楼梯间型　　　　　　　（b)外廊型　　　　　　　（c)内廊型

（d)双廊型　　　　　　　（e)核心型　　　　　　　（f)中空型

图2-65　住宅楼的主要交通空间组织方式

2）户内交通

（1）基本组织原则

①便捷性、高效性

户内交通的便捷性、高效性主要是指住户可以在户内便捷无障碍地快速抵达各个功能空间，避免迂回绕路或所经过的地方布置杂乱以至于难以通行的情况发生。

②最小化原则

户内交通最小化原则是指尽量消除纯交通空间，使交通空间有另一层功能意义，从而更为高效地利用户型内部空间。因为户内交通不存在人流繁忙的现象，所以最好的处理方式就是赋予交通空间另外一重功能。主要组织方式：一种是在交通空间一旁放置收纳空间，使交通空间同时成为收纳空间的外延；另一种是交通空间和客厅、餐厅等开放空间一体化设计，使交通空间成为客厅、餐厅空间的一部分。

③隔离与梳理

户内交通的便捷性、高效性不是指户内交通直来直往，不设过渡空间或视线隔离，应进行梳理，使公共空间与隐私空间有一定的隔离，如一些隐私空间（卧室、卫浴等）与开放的公共空间（客厅、走廊等）之间，要进行简单的视线遮挡，或者用其他功能空间进行隔离。

④回游性

户内交通的回游性指的是户内有不止一条路径从户内某一点到达户内指定的另一点，形成环形流线。如将厨房、卫浴用回游流线联系在一起，主妇在厨房做饭的同时，又可以走到浴室去放洗澡水，或者打扫卫生间，提高劳动效率；在老年人卧室和起居空间之间设置回游流线，可以缩短老年人在户内的行走距离。回游流线的另一个好处是使空间看起来更加宽敞，视线通透，交通便捷，便于家庭交流，利于通风和采光（图2-66）。

图2-66 户内的回游性交通空间

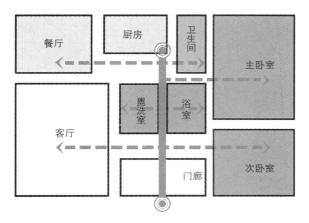

图2-67 鱼骨型交通组织形式

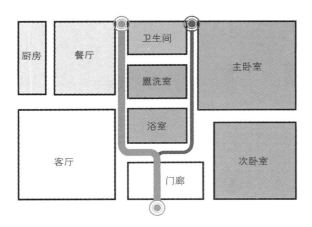

图2-68 双轴型交通组织形式

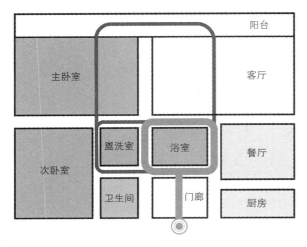

图2-69 回游型交通组织形式

（2）基本类型

户内交通的组织形式构成了室内布局的基本框架，主要表现为以下三种类型：

①鱼骨型（图2-67）

交通构架类似鱼骨形状，用水空间集中在中间部分，以一条连接门廊和用水空间的主轴为核心，分别向两边辐射，将户内其他的功能空间与主轴联系起来，使室内交通动线的利用效率最大化。

②双轴型（图2-68）

交通构架由一条公共活动为主的主轴和一条私密活动为主的次轴构成，两条轴线交会于门廊，将户内的各功能空间连为一体，并有效地划分出动、静两大区域，中间的卫浴空间作为过渡区域，确保不同区域的独立性，避免相互干扰。

③回游型（图2-69）

结合上述两种类型，并借助大阳台，引入穿越户内主要功能空间的大环状交通动线和围绕用水空间的小环状交通动线，使户内交通动线具有回游性，并且增强公共空间与私密空间之间的流动性和融合性，利于家庭内部的交流、互动。

（3）多元化处理

除了基本类型的户内交通组织方式，SI住宅的交通组织还呈现出多元化的布局状态，如跃层式住宅内设有连接上下层的垂直动线（图

2-70、图2-71），错层式住宅具有多个入口进入户内，附设变异空间的住宅通过走廊连接附加功能空间与母空间（图2-72、图2-73）等。

①设有旋转楼梯的跃层式住宅

图2-70　旋转楼梯直接连通住户专用阳台和上层空间

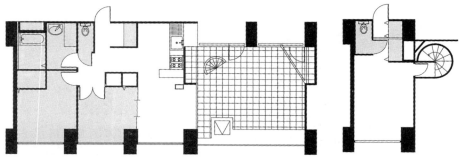

图2-71　带有旋转楼梯的跃层式住宅平面示意图

②附设变异空间的住宅

图2-72　附加功能房间外观突出，与母空间以走廊连接

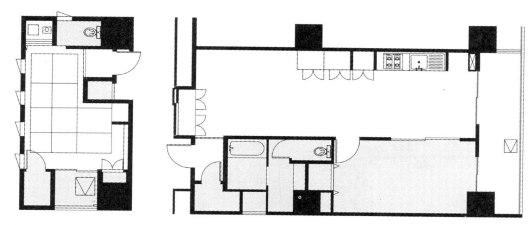

图2-73　设有附加功能空间的住宅平面示意图

2.4　管井设置

1）管井综述

管井是建筑中用于集中布置水、暖、电、通风等设备管线的竖向井道。公共管井是现代住宅中的重要组成部分，一般设置在公共区域，包括电气管井（强电、弱电可以分开或共用一个管井）、水管井（给水、排水、消防）、采暖管井以及风井等，有时水管井和采暖管井合并为一个水暖管井。

（1）竖向管井设置

普通住宅的公共管井一般嵌在墙体里，与建筑结构一体，有的设置在户内，分散布置在不同的功能空间里，如在厨房、卫浴等处分别设有给水排水立管。当管线发生故障时，往往需要入户维修，损坏墙体或住户的内装，且影响上下楼层的住户，既不方便，又大大缩短了住宅本身的寿命。

SI住宅的公共管井与墙体分离，且全部设置在公共区域，户内只有横管，实施同层排水。当户内发生侧漏时，只要维修、更换本户的管线即可解决问题，不影响上下层的住户；维护、更换竖向管线时，也不会损坏墙体、破坏住户的内装，简单、快捷、方便，并能够反复进行多次更新，延长住宅的寿命。

（2）横向管线铺设

由于在SI住宅中将公共管井设置在公共空间，一般位于共用一个管井的住户中心位置（图2-74、图2-75），使得户均横向管线距离尽可能达到最短，可减少侧漏现象的发生。户内横向管线为本户专有，设置在双层地板或双层顶棚内，局部可能需要降板或者反梁处

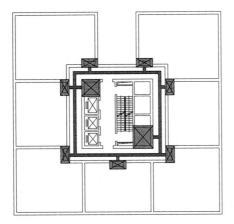 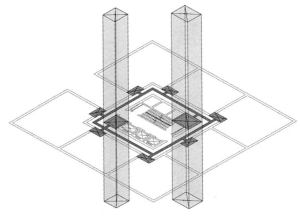

图2-74　SI住宅中公共管井设置的平面示意图　　图2-75　SI住宅中公共管井设置的轴测示意图

理，并在地面或顶棚上留有检修口，便于维修、更换设备部品。

2）电气管井

（1）强弱电区别

强电和弱电是相对概念，人们习惯将高于人体安全电压36V的电压信号称为强电（电力，如110V、220V、380V等），将36V及以下的电压信号称为弱电（信息，如24V、36V等）。强电一般指市政电力、照明系统等供配电系统，包括空调线、照明线、插座线、动力线、高压线等。强电的处理对象是电力能源，其特点是电压高、电流大、功率大、频率低。弱电主要有两类：一类是国家规定的安全电压及控制电压等低电压电能，有交流与直流之分，如36V以下交流、24V以下直流控制电源或应急照明灯备用电源等；另一类是载有语音、图像、数据等信息的信息源，如音频线路、视频线路、网络线路、电话线路等。弱电的处理对象主要是信息，即信息的传送和控制，其特点是电压低、电流小、功率小、频率高（表2-1）。

住宅中的强弱电对比表　　　　　　　　　　　　　表2-1

	处理对象	电压	电流	功率	频率	用途
强电	电能	高（V，kV）	大（A，kA）	大（kW，MW）	低（Hz）	市政电力、照明系统等供配电系统，包括空调、照明、插座、动力等用电
弱电	信息	低（V，mV）	小（mA，uA）	小（W，mW）	高（kHz，MHz）	载有语音、图像、数据等信息的信息源，包括广播、电视、宽带、电话、智能化控制系统、安全防范系统等

（2）强弱电分离

在住宅建筑中，强电主要指220V、50Hz及以上的交流电，如空调、照明、动力用电等；弱电主要指第二类应用，如广播、电视、宽带、电话、智能化控制系统、安全防范系统等。SI住宅的电气管井实施强、弱电分离，即分别设置强电管井和弱电管井，使两者管线之间确保足够的距离。由此，一方面可以增强各自的独立性，避免强电周围的磁场对弱电造成干扰，另一方面还可以提高安全性，避免在强电发生故障时，强大的电流危及弱电线路。

3）给水排水管井

（1）给水排水管井内一般包括给水管（自来水、热水）、排水管（污水、废水）、中水管、消防水管等。普通住宅中，水管井一般只含给水系统，设置在楼梯间、走廊或户内等处，埋嵌于墙体里，而生活排水立管分别就近设置在户内的厨房、卫浴等功能空间（图2-76）。在设计时，不仅要考虑管井位置对楼梯间和户型的影响，还要考虑管井检修口和操作空间的大小、水平管线入户等问题，点检、维修等非常不便。

（2）SI住宅采用与墙体分离的公共给水排水管和同层静音排水系统，所有给水排水立管集中于公共管井中，设置在户外的公共区域（图2-77），当竖管发生故障时，无需入户

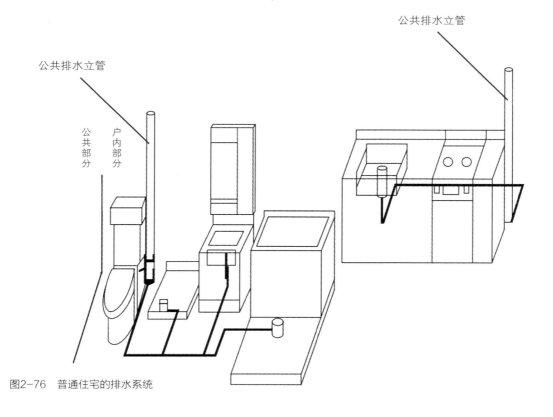

图2-76 普通住宅的排水系统

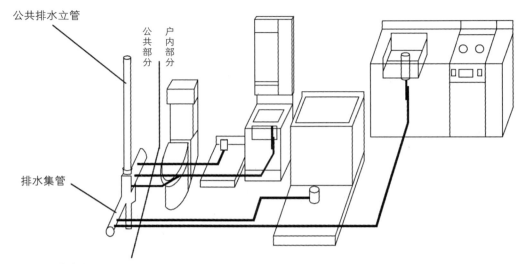

公共排水立管

公共部分

户内部分

排水集管

图2-77 SI住宅的排水系统

维修。同时，结合整体厨房、整体卫浴，用水空间结构局部降板，横管设置在户内的架空地板内，可不设地漏，无需防水处理，也免去了破封和反味的影响。当横管发生故障时，只在本户维修即可，不影响上下层的住户，也不破坏内装。

4）暖通管井

（1）暖通的全称是供热、供燃气、通风及空调工程，包括采暖、通风、空气调节三个方面。

①采暖又称供暖，是通过防寒取暖装置的设计，使住宅内获得适当温度的系统，分为集中采暖和独立采暖。

②通风是向房间送入或由房间排出空气的过程，利用室外新鲜空气（新风）来置换室内空气，通常分为自然通风和机械通风。

③空气调节简称空调，是用来对室内的温度、湿度、洁净度及空气流动速度等进行调节，并提供足够的新鲜空气的建筑环境控制系统，一般分为中央空调和分户单元式空调。

（2）暖通管井一般分为采暖管井（有时与给水排水立管共用一个管井，称为水暖管井）和风井。

①采暖管井：在北方寒冷地区，大多采用集中供暖方式，包括水暖和气暖。在采暖管井中，一般包括采暖供水（气）管和采暖回水管。

②风井：在高层住宅楼中应设置风井，主要用于通风和防烟，如楼梯间、电梯前室等需要按照规范设置加压送风井（图2-78）；在没有与室外直接相通的门、窗、车道的地下室，还必须设置补风井。

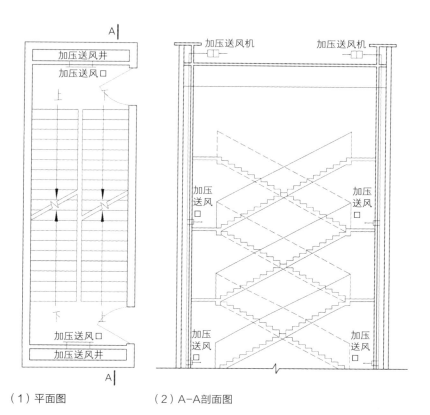

（1）平面图　　　　　（2）A-A剖面图

图2-78　楼梯间的加压送风井示意图

2.5　部品选择

1）部品的定义

住宅的部品指的是非结构构件，在工厂按照标准化生产，并在现场进行组装的具有独立功能的住宅产品（图2-79）。SI住宅体系的核心即部品化，在工业化发展的基础上，住宅的部品化成为可能。部品本身遵循标准化设计原则，部品单元尺寸符合模数化，通过相互间的各种衔接，具备多种组合形式，且拆装、维修简便。

2）部品的优势

（1）部品全部在工厂预制，然后运到现场组装，施工快捷、高效。

（2）采用干式工法，部品间相互独立、分离，互不干扰，检修、维护、更换简单。

（3）规格统一，风格多样，装修时既可以有多种选择，又能保持整体统一。

（4）部品组合的可能性多，适合各类具体的、特殊的情况，富有人性化和个性化。

（5）采用标准化、模数化设计，与空间吻合度高，便于户内布局、装修的变更。

（6）促进建筑施工、装修等各环节及步骤的细化，确保整体住宅的高质量。

3）部品的种类

（1）建筑部品

建筑部品指的是在建筑主体结构的基础上，用来形成基本外部围护和空间外形的部品。如外墙、屋面、楼梯、开口部（门、窗、阳台，图2-80）、隔墙等。

（2）装修部品

装修部品指的是在建筑基本空间的基础上，用来装修、分隔、组织空间，形成基本功能空间的部品，包括外装部品和内装部品，如外装的防水材料、隔热保温材料、涂装材料、日照调整部品以及内装的地板部品、墙板部品、顶棚部品等。

（3）设备部品

设备部品指的是一切与公共设备及户内设备有关，用以完善建筑性能的部品，如给水排水、电气、暖通等公共管线，电梯、厨房、卫浴等设备部品。

（4）精细部品

精细部品指的是配合装修部品，完善整体功能的小型部品，如门把手、窗插销、门阻、莲蓬头等。

图2-79 门廊部品的组合

图2-80 门窗等建筑部品

4）部品的内容和要求

（1）具有功能性。

部品首先要确保基本的功能性。不同功能的小部品相互组合，可以形成一个功能完整的大部品，从而满足人们日常的使用需求（图2-81）。

（2）尺寸模数化。

部品的尺寸符合模数化，可以有效地应对各种不同尺寸的建筑空间，使部品与建筑空间达到高度匹配。同时，部品与部品之间也可以选择最合适的尺寸进行相互组合。

（3）形式风格多样化。

部品的形式、风格多种多样，可以根据住户的喜好选择适当的整体风格，体现不同住户的个性化需求。

（4）材料和色彩多样化。

部品的材料和色彩也呈现多样化，可以结合整体装修风格，进行空间色彩和材质的搭配，满足住户对不同色彩、材质的需求。

（5）连接方法简便。

部品的连接方法通常是干式连接，即通过螺栓、预埋构件等物理性机械方式进行连接，具有操作简单和便于拆装的特点，使得住户自己动手进行部品的维修、更换成为可能。

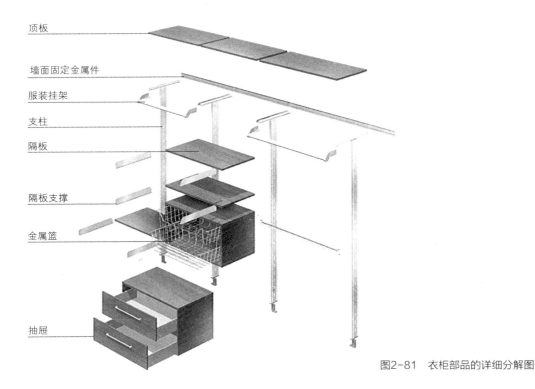

顶板

墙面固定金属件

服装挂架

支柱

隔板

隔板支撑

金属篮

抽屉

图2-81　衣柜部品的详细分解图

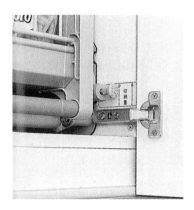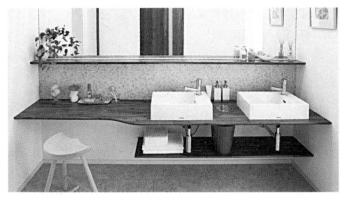

图2-82 部品间的连接　　　　　　图2-83 部品与建筑空间的连接

（6）具有可调性。

部品的另一大特点是可调性，可以方便住户应对各种生活方式、家庭规模、品质要求等方面的改变，对其进行相应的调整，且不会破坏与其他部品的连接关系。

5）部品的连接

应根据部品的耐用性、权属、分类等，设计部品之间起连接作用的构造方法。结合尺寸的模数化，按照统一、协调的标准设计，使得连接合理，拆装方便。

（1）形成大体系。

部品的连接不仅包括部品与部品之间的连接（图2-82），还包括部品与建筑空间（图2-83）、运输方式、生产方式等的连接，是一个部品大体系。

（2）尺寸统一。

相关部品之间的连接部件需要尺寸统一，防止在选择不同的相关部品时，由于连接部件尺寸的不统一，导致无法连接契合。

（3）接口方式简单。

部品之间的接口方式以螺钉、螺母、旋纹等可拆装式接口为主，方便日后的部品更换及更新。

（4）互不干扰。

各种部品之间相互独立，彼此不产生干扰，如需更换或者更新一个部品，可以单独拆装，从而不影响其他部品的正常使用，可以大大提高工作效率，降低工作难度。

（5）采用干式连接。

各类部品之间的连接方式采用干式连接，相对湿式连接有操作简单，便于维修、更换等特点，同时也不会对整体居住环境造成污染。

（6）设置预埋件。

在现场建筑空间内设置预埋件，方便部品在现场的快速定位安装，同时也可增加结构的稳定性和牢固性。

（7）部分预先组装。

部品的安装流程非常重要，最好是将众多小部品预先组装成大部品，然后再到现场安装较大的部品，能够有效地避免因现场安装部品过多而造成的疏忽、差错等。

2.6　标准化和模数化

1）标准化（Standardization）

（1）概念

标准化中的标准包含相互运用中高度契合的共同导则，标准化一般指确立这种标准的过程。住宅标准化就是确立与住宅相关的标准的过程，包括设计标准化、施工标准化、部品标准化、材料标准化、产业标准化等多个方面（图2-84、图2-85）。

（2）作用

标准化奠定了SI住宅的基础，是促使S与I分离的重要保证。借助于标准化，使得S和I的部品可以大批量、分规格地在工厂预制生产，然后准确地连接、组合，实现SI住宅的标准化设计、装配式施工以及科学化管理。

同时，部品、材料等的标准化还可以提高功能空间的布局变更性、自由度以及对设

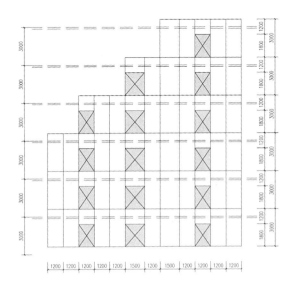

图2-84　标准化设计的外立面

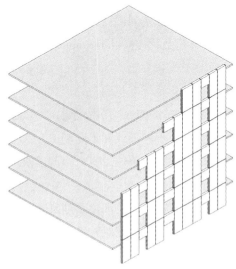

图2-85　标准化的外立面组装

备、内外装进行维护、更新的便利性。

（3）标准设计图集的制定

为了提供设计选用，并方便施工、预算、监理等需要，SI住宅提倡制定顺应住宅发展需要，符合国家相关规范、标准，结合新材料、新技术、新工艺的标准设计图集。

（4）设计标准化做法

不以规矩，不能成方圆，随着住宅产业化的发展，住宅标准化的重要性日益明显。设计标准化应以共同利用的设计理念为指导，对应多种多样的不同需求，力求做到施工便利、易于变更的住宅设计目标。

①设计条件标准化

要求以最终产品为目标，将设计条件进行标准化处理，分门别类地整理成可以任意排列、组合的基本条件单位，便于菜单式多元选择。

②结构标准化

对于建筑承重及围护结构以及水、暖、电等公共设备系统，要求以合理利用原材料、方便装配式施工、提高坚固性和耐用性、促进设备通用性和互换性为原则，进行结构的标准化设计。

③部品标准化

部品标准化是SI住宅的核心重点，需要着重确立部品设计的标准化系统，使得在建造、更新、改造时，都能够方便、灵活、准确地拆装部品，提高变更性和适应性（图2-86）。

④施工标准化

一切标准化设计的最终目的均为方便施工，因此，施工流程、手法、管理等也要适应标准化，相互达到协调、顺利，并避免各部门间摩擦、矛盾的出现。

2）模数化（Modularization）

（1）概念

模数化是标准化的一种形式。其中模数的原意是小尺度，作为统一构配件和组合件尺度的最小基本单位，在古代建筑中就已应用。现代建筑模数是指为了实现住宅工业化，使不同材料、不同形式和不同制造方法的住宅构件、部品具有一定的通用性和互换性，统一选定的基本尺寸单位，也是协调建筑尺度的增值单位（图2-87）。

（2）作用

在SI住宅中，模数化系列具有重要的作用（图2-88）。模数化可以依据建筑设计的度量单位，决定每个建筑构件的精确尺寸和位置，对构件和部品进行分割，并使其准确无误地进行相互连接；还能优化住宅的部品组合方式，达到使用少量的标准化部品，就能形成不同类型的功能空间，并具有灵活变更性；同时，可以实现整体厨房、整体卫浴等功能空间的模块化设计，构成新的单元，产生新的系列组合。

（3）发展及应用

1920年，美国人A·F·比米斯首次提出利用模数坐标网格和基本模数值来预制建筑构件。第二次世界大战后，随着建筑工业化的蓬勃发展，模数化得到推广及应用。至20世纪60年代，建筑模数出现三种理论：比米斯模数、勒·柯布西耶模数、雷纳级数，这些理论对现代建筑模数数列中的叠加原则、倍数原理、优选尺寸等都起过作用。从70年

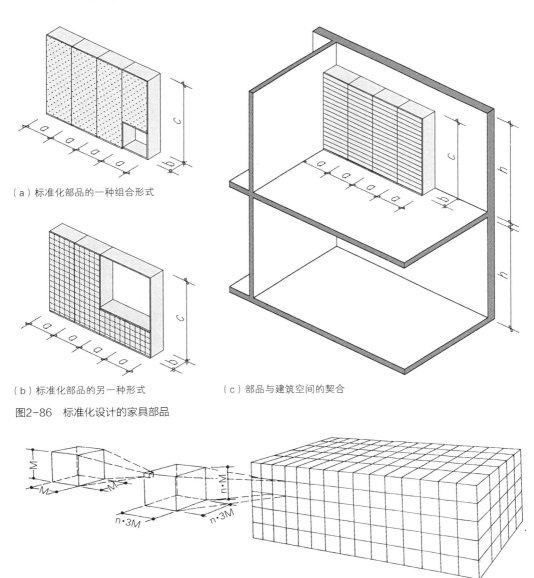

（a）标准化部品的一种组合形式

（b）标准化部品的另一种形式

（c）部品与建筑空间的契合

图2-86　标准化设计的家具部品

图2-87　模数化空间网格示意图

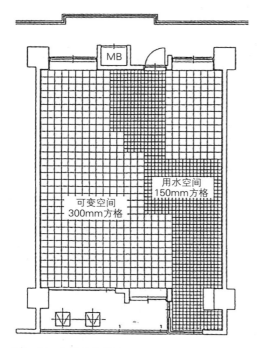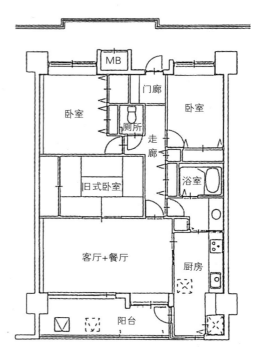

图2-88 SI住宅的模数化应用

代起，国际标准化组织房屋建筑技术委员会陆续公布了有关建筑模数的一系列规定，建筑模数协调体系已成为国际标准化范围内的一种质量标准。现在，在SI住宅中已经形成模数化体系，包括结构模数化、构件模数化、部品模数化（建筑部品模数化、装修部品模数化、精细部品模数化）等。除此之外，模数化还应用在施工、机械、储藏、包装、运输等多方面，形成了模数化体系，涵盖了从材料、施工、建筑到装修、维护等住宅产业的整体流程。

（4）设计多样化的形成

为了满足各种使用人群的多种需求，按照模数化的设计思路，可以通过平面多样化、立面多样化、造型多样化、交通组织多样化、部品多样化等，达到多样化设计的目的。其中部品多样化尤为重要。

①同一部品的多种模数化设计。

对于同一部品，可以采用不同的基本模数单位，便于选用不同规格的部品。

②同一部品相同模数下的多样性设计。

对于采用同一模数单位的同一部品，可以按照不同增值数，进行有多项选择的部品设计。

③不同部品间的多样性组合。

不同部品可以按照统一模数单位进行设计，便于不同部品间的互换（图2-89）。

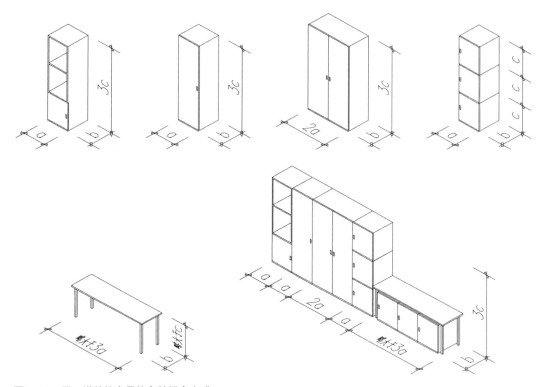

图2-89 同一模数的家具的多种组合方式

2.7 材料

1）结构材料

结构材料是以力学性能为基础，制造受力构件所使用的材料，对物理、化学性能有一定的要求，如光泽、热导率、抗辐照、抗腐蚀、抗氧化等。

（1）钢混结构，即钢筋混凝土结构，材料是由钢筋、水泥、精细骨料（碎砂石）、水等构成的混合体（图2-90）。这种材料具有坚固、经久耐用、整体性强、抗腐蚀能力强、防火性能好等优点，并且房间的开间、进深相对较大，空间分割较自由，且成本较低，是最常采用的结构材料，但抗裂性较差，自重较大，适用于多、高层SI住宅。

（2）钢结构，以钢材制作为主的结构，由型钢和钢板等制成的钢梁、钢柱、钢桁架等构件组成，各构件或部件之间采用焊缝、螺栓或铆钉连接。这种材料的特点是强度高、自重轻、整体刚性好、变形能力强、塑性和韧性好，能很好地承受动力荷载，但耐热不耐火，耐腐蚀性较差，且建筑造价较高，适用于大跨度和超高层SI住宅。

（3）木结构，采用木材制作的结构，包括木屋架、支撑系统、吊顶、挂瓦条及屋面板等。这种材料自重较轻，木构件便于运输、装拆，能多次使用，现代胶合木结构的出现，更扩大了木结构的应用范围。这种结构由于采用天然材料，受材料本身条件的限制，适用于低层SI住宅。

图2-90　钢筋混凝土结构的SI住宅施工现场

（4）其他结构，如砌体结构、塑料结构、有机玻璃结构等，分别采用砖、塑料、有机玻璃等材料，根据各自不同的特点，应用在不同住宅建筑中。

（5）新型结构材料，包括高比强度材料、高比刚度材料、耐高温材料、耐磨损材料、耐腐蚀材料等，分为金属新材料、新型无机非金属材料、高分子级复合材料三大类。

2）建筑材料

这里的建筑材料是土木工程和建筑工程中所使用的材料的统称，包括围护材料及某些专用材料。在SI住宅中形成材料部品化，以工厂预制为主，便于安装、维护。

（1）砌块：利用混凝土、工业废料（炉渣、粉煤灰等）或地方材料制成的人造墙体块材，外形多为直角六面体，也有各种异形体，分为实心砌块和空心砌块，具有设备简单、砌筑速度快的优点。

（2）混凝土：由胶凝材料将集料胶结成整体的工程复合材料。通常讲的混凝土是指用水泥作胶凝材料，砂、石作集料，与水（可含外加剂和掺合料）按一定比例配合，经搅拌而得的水泥混凝土，也称普通混凝土，具有便于就地取材、易于加工成型、匹配性好、可调性强、耐久性好等优点（图2-91）。

（3）石灰：一种以氧化钙为主要成分的气硬性无机胶凝材料，是用石灰石、白云石、白垩、贝壳等碳酸钙含量高的产物经900~1100℃煅烧而成的，具有原料分布广、生产工艺简单、成本低廉等优点。

（4）玻璃：一种透明的半固体、半液体物质，在熔融时形成连续网络结构，冷却过程中黏度逐渐增大、硬化却不结晶的硅酸盐类非金属材料，主要成分为二氧化硅，具有通透性、轻盈性、多彩性、虚幻性、模糊性、密封性，且价格适宜。

（5）金属：指金属元素或以金属元素为主，具有金属特性的材料的统称，包括纯金属、合金、金属间化合物及特种金属材料等，具有强度高、刚性好、变形能力强、塑性和韧性好等优点（图2-92）。

图2-91　混凝土建筑材料

图2-92　金属建筑材料

（6）其他建筑材料：木材、竹材、石材、砖瓦等各种材料。

（7）新型建筑材料：保温材料、隔热材料、隔声材料、防水材料、防火材料、高强度材料、生态绿色材料等。

3）装修材料

通常指进行室内装修（内装）和室外装修（外装）的材料，内装材料包括实材、板材、片材、型材、线材等。

（1）装修材料的分类

①按照使用范围，分为主材和辅材。主材通常指装修中被大面积使用的材料，如木地板、墙地砖、石材、墙纸和整体橱柜、卫浴等设备材料；辅材可以理解为除了主材外的所有材料，包括水泥、沙子、板材等大宗材料，也包括腻子粉、白水泥、胶粘剂、石膏粉、铁钉、气针、水管、电线等小件材料。

②按照材料的化学性质，分为无机装修材料（彩色水泥、饰面玻璃、天然石材等）、有机装修材料（高分子涂料、建筑塑料、复合地板等）、有机与无机复合型装修材料（铝塑装饰板、人造大理石、玻璃钢材料等）。

③按照装修部位，分为外墙装修材料、内墙装修材料、地板装修材料（图2-93）、吊顶装修材料（图2-94）、室内隔墙材料、厨卫装饰材料等。

（2）明确装修流程

装修材料的选用要根据使用部位、空间功能、材料性质以及使用者等各种要素来决定，同时跟装修的先后次序有关，因此，要明确装修的整体流程，使各种材料的重量轻、体积小的小部品通过组合成一个大部品来完成整个装修。

（3）装修的施工

需要仔细研究装修材料的特点及施工方法，努力实现施工阶段噪声、振动的最小化，减少各工种之间的不良干扰以及对其他住户的影响。尤其是内装部品的安装，要尽量降低

图2-93　地板装修材料

图2-94　吊顶装修材料

技术复杂性，使非专业人员也可通过简单学习，实现部分装修部品的安装施工。

4）相关设备

设备一般指建筑物附设的具有一定辅助功能，并可以拆装的机械类部品，通常较为固定，但在发生故障或老化的时候，可以进行修理、更换。

（1）设备内容

主要包括给水设备、排水设备、厨房设备（图2-95）、卫浴设备（图2-96）、暖通设备、电气设备、通信设备、空调设备、交通设备、消防设备、防灾设备、监控防范设备等。

（2）设备的部品化

总体遵从标准化、模式化的基本原则，尽可能使设备部品化、通用化，便于安装、维修、更换等。

图2-95　厨房设备

图2-96　卫生间设备

（3）设备的连接

仔细研究与装修材料、建筑材料的连接方法，部分可能与结构材料发生连接，确保可以准确、高效地装配、拆卸等。同时，要确保不同设备的并行、分离，对于设备自身的精细部品，要保证部品间的精确连接。

2.8 造型设计

1）建筑体量设计

（1）建筑体量设计应与结构设计相结合，针对不同的结构设计，形成相应的体量构成。

（2）作为城市景观的一部分，注重建筑体量对城市天际线以及周边体量构成及体量变化的影响（图2-97）。

（3）充分考虑与人文尺度的关系，在重要节点处设置能起到缓冲作用的中间过渡型建筑体量。

（4）建筑体量设计需与核心景观设计相结合，做到有主有次，主次分明。

2）住宅形态设计

根据不同的住宅高度，需要分别进行适宜的住宅形态设计。

（1）多层住宅：通常设计为标准化板式住宅，也可设计为标准化点式住宅。

图2-97 与周边相融合的住宅体量变化（日本幕张新城住宅）

图2-98　具有层次感的外立面（日本东京桃井居住区住宅）

图2-99　虚实变化的外立面（日本东云Canal Court高层住宅）

（2）高层住宅：可根据实际情况，分别设计为标准化点式住宅或标准化板式住宅。

（3）超高层住宅：基本上均设计为标准化点式住宅。

3）外立面构成

（1）住宅外立面设计须以简洁为主，突出体现高度工业化的设计精神。

（2）要注意层次的划分，利用材料、色彩、尺度等的不同变换、组合，对外立面进行竖向划分、横向划分以及虚实关系的划分等，形成特色鲜明、有层次变化的外立面构成（图2-98）。

4）立面元素设计

（1）明确立面的主要构成元素和构成方式，突出重点要素。

（2）寻找与周边建筑的共性要素，确保与周边环境在外立面景观上的协调性。

（3）注重外立面的色彩和材料的运用，并结合SI住宅体系，按住户的实际需求对部分外立面的构成要素进行更改、变换。

5）造型层次处理

针对住宅造型，也需要按照以下原则进行具有层次感的特殊处理。

（1）原则一

对立面进行基本划分，竖向形成基部、中部、顶部的三段式构成，同时横向形成有韵律感的节奏分割变化，避免过高、过长的建筑尺度。

（2）原则二

注重立面的虚实层次变化，如墙面—阳台—格栅—开洞，即实—半实—半虚—虚的变化，并对立面元素如窗户、墙面、阳台等进行不同的造型设计（图2-99）。

图2-100 材料选择适宜的外立面（日本台场高层住宅）

（3）原则三

对立面元素进行细部设计，在材质、纹理、色彩等方面体现细微差别，并且与人文尺度相结合，形成建筑立面与人的一体化设计。

（4）原则四

造型层次与SI住宅体系相结合，在基本立面框架的基础上，可以随时更改局部材料、色彩、位置以及其他外立面效果，创造有变化的外立面景观。

6）立面材料

（1）材料的分类

包括砖材、石材、陶瓷、金属、木材、混凝土、石灰、石膏、玻璃等不同性质、不同功能的材料。

（2）材料的选择

在外立面材料的选择上，须遵循耐脏、持久、可更换的原则，并结合住宅的类型，打造或稳重或活泼的效果（图2-100）。

（3）材料的色彩

外立面的各种材料要形成多种标准色系，结合SI住宅的可变更性，进行菜单式选择，塑造色彩丰富的居住环境。

SI住宅的结构设计

3.1 结构类型的选择

1）结构的基本形式

由于S与I的分离，SI住宅的结构体系应具有独立性，坚固、耐久，并应采用大跨度空间形式，使室内无小梁、柱等。目前国际上普遍采用的SI住宅结构，按结构材料分，主要有钢筋混凝土结构、钢与混凝土组合结构、钢结构、木结构等，以钢筋混凝土结构最为常用；

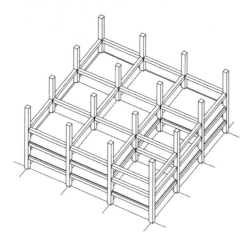

（a）框架结构

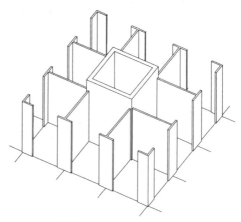

（b）剪力墙结构

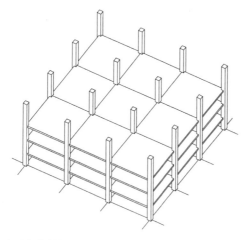

（c）板柱结构

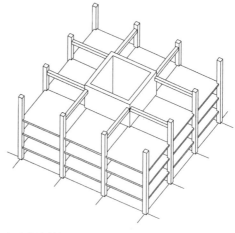

（d）混合结构

图3-1 SI住宅的基本结构类型概念图

按结构平面布置分，主要有框架结构、剪力墙结构、板柱结构、混合结构等（图3-1）。

（1）剪力墙结构

主体结构采用结构墙（抗风墙、抗震墙），利用钢筋混凝土墙体承受竖向荷载和水平力，当墙体处于建筑物中合适的位置时，既能形成有效抵抗水平作用的结构体系，同时又能起到对空间的分割作用。适用于高层、超高层住宅。

（2）框架结构

又称构架式结构，由梁和柱以刚接或者铰接方式相连接而成，梁和柱组成框架共同抵抗水平荷载和竖向荷载，构成承重体系，而墙体不承重，仅起到围护和分隔作用。适用于多层、小高层、高层住宅。

（3）板柱结构

由楼板和柱组成承重体系，其特点是室内楼板下没有梁，空间通畅简洁，平面布置灵活，能降低建筑物层高。可采用双向密肋板或双向暗密肋内填轻质材料的夹心板或预应力空心板等，减轻楼板自重，在楼板与柱的连接处，可将柱顶部扩大成柱帽，以增强楼板在支座处的强度和减少楼板的跨度。适用于多层住宅。

（4）混合结构

在我国的SI住宅体系尝试中，曾出现过框架、剪力墙、框剪、板柱等多种结构形式，但均没有形成较为成熟的结构体系，因此普及率也不高。综合以上各形式的优缺点，我们推荐将来的SI住宅采用由混凝土框架-核心筒剪力墙以及空心厚楼板所构成的混合结构（图3-2、图3-3），既能保持室内空间较大程度的灵活性，又能增强抗侧刚度和抗震性。

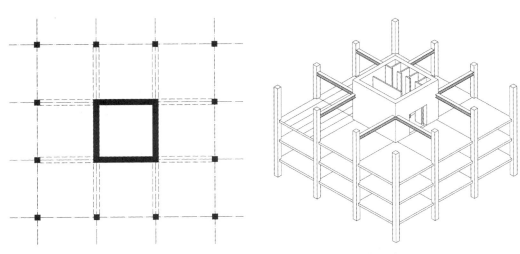

图3-2　混合结构的平面示意图　　　　　　图3-3　混合结构的轴侧示意图

2）结构的施工方式

SI住宅是一种工业化产品，有别于传统的手工建造方式，采用的是自动化和现代化的生产管理模式以及设计标准化、产品定型化、构件预制工厂化、现场装配化的生产方式，从而达到高效率、高质量，并节省资源、降低环境负荷。针对混凝土结构的预制装配式住宅，国际上通用的施工方式可以总结为以下两种：

（1）全装配式

全部构件在工厂或现场预制，通过可靠的连接方式进行装配。其优点是效率高、质量好、不受季节影响、施工速度快，但缺点是需要保证各种材料、构件的生产基地，一次投资较大，构件、部品定型后灵活性小，且结构的整体稳定性较差。

（2）装配整体式

全部或部分构件在工厂或现场预制，然后通过可靠的方式进行连接，并与现场后浇混凝土、水泥基灌浆料形成整体，也称半装配式。其优点是适应性大、效率较高、受季节影响小，且结构的整体稳定性较强，但缺点是现场用工量比较大，所用模板比较多，且受季节时令的影响。

日本的预制装配模式对构件没有太多的限制，包括梁、柱、楼板、阳台、楼梯、门窗、外墙板等均可预制，预制率可以达到80%以上，甚至100%（图3-4）。中国香港地区的预制装配模式则采用内浇外挂模式，对构件的预制主要集中于阳台、楼梯、门窗、外墙板及空调板五部分，梁、柱、楼板多采用现浇（图3-5）。

预制装配式住宅将是今后住宅产业化发展的方向，也是改变传统住宅建造方式的关

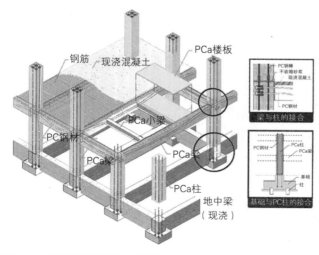

图3-4 日本预制装配模式示意图

图3-5 香港预制装配模式现场照片

键技术和有效途径。由于受限于PC技术水平以及缺乏相应的计算软件、验算方法、规范标准等，在我国无法照搬纯日本式的预制混凝土结构体系。我们建议结合日本和中国香港方式的优点，在采用混合结构的SI住宅中，应用预制与现浇相结合的装配整体式施工方法，即柱、梁、剪力墙、楼板等主体结构采用现浇方式，楼梯及外墙、阳台、门窗等围护结构采用预制装配方式，结构节点的连接通过后浇混凝土、水泥基灌浆料等形成整体。

3）PC结构技术体系

日本的预制装配式住宅起步较早，已经形成了较为完善的结构技术体系，预制率较高，在住宅产业化方面处于世界领先地位。目前采用的预制混凝土结构技术体系主要有以下几种（图3-6）：

（1）剪力墙PC（W-PC）体系

外墙及分隔墙作为结构承重墙，没有柱和梁的羁绊，能够形成规整的大空间，且抗震性强。可预制剪力墙板、楼面板、屋面板、楼梯板等构件。主要用于多层住宅。

（2）墙式框架PC（WR-PC）体系

开间方向为框架、进深方向为剪力墙的混合结构，分户墙没有梁，并采用扁平壁柱，空间自由度高。可预制壁柱、梁、剪力墙板，半预制楼板以及预制楼梯、外廊、阳台、填充墙等构件。主要用于中、高层住宅。

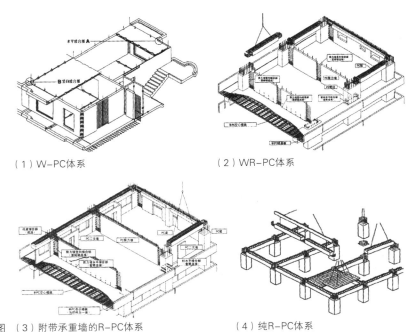

（1）W-PC体系　　　　　　　　　（2）WR-PC体系

图3-6　结构技术概念图　（3）附带承重墙的R-PC体系　　　（4）纯R-PC体系

（3）框架PC（R-PC）体系

框架柱、梁构成主体结构，在结构计划和建造计划上受制约小，但要考虑施工上的可行性，特别是要确保与现浇混凝土相同的结构稳定能、耐久性、功能性等，高层住宅中常常与剪力墙相结合。可预制柱、梁，半预制楼板以及预制楼梯、外廊、阳台、填充墙等构件。主要用于高层住宅。

近年来在我国的尝试中，主要围绕剪力墙、框架、框剪、板柱四大结构体系进行，并相继出台了《整体预应力装配式板柱结构技术规程CECS52-2010》、《装配式混凝土结构技术规程JGJ1-2014》等。从中不难看出，结构节点的连接方式主要集中于后浇混凝土以及预应力拼接等整体式技术。由于我国工业化水平还不高，技术水平也有待提高，针对我国的实际国情，仍需不断地探索适合我国SI住宅体系的一整套成熟的结构技术体系。

3.2 局部结构设计

1）局部结构的设计原则

（1）保证整体结构的安全、可靠

并非仅考虑单个局部构件，而是从整个结构体系出发，进行力学分析、截面设计、性能设计等，确保整体结构的稳固、耐久、抗震等（图3-7）。

（2）保证结构构件之间的良好衔接

注重各结构构件的模数化设计，采用预留洞口+预埋金属件的连接方式，尽可能分离设计构件，并形成完善的连接构造，确保与主体结构的准确衔接及与其他构件的便利组合（图3-8）。

（3）施工简便、快捷

充分考虑施工的可行性，使局部结构设计能够综合对应材料、工艺、机具等各方面的施工技术，对于特殊结构部分，采用关键性高新技术（图3-9）。

（4）节省材料、减少浪费

采用更合理、更精巧的结构设计，使其利用更少的材料即能满足各项性能要求，并通过材料选择及施工流程的合理化，减少资源和能

图3-7 起到吸能减震作用的阻尼结构

源的浪费。

2）基础结构

（1）基础是住宅建筑最下部（通常为地下室之下的部分，但有时也包括地下室部分）的承重构件，承受建筑物的全部荷载，并将荷载传给地基。因此，基础必须具有足够的强度和稳定性，同时，还必须能抵御土层中各种有害因素的影响。

（2）基础按构造形式主要分为以下几种：独立基础、条形基础、筏板基础、箱形基础、桩基础等。其中，箱形基础是一种由钢筋混凝土的底板、顶板、侧墙及一定数量的内隔墙构成的箱形立体基础，基础中部可在内隔墙开门洞用作地下室。

（3）高层SI住宅常常采用箱形基础或混合型立体基础（图3-10、图3-11），其整体性和刚度更好，抗震性更强，且基础的中空部分可以作为地下空间得到有效利用。

3）墙体结构

（1）墙体是住宅建筑的竖向围护构件，有时也是承重构件，如剪力墙，承受屋顶、楼板、楼梯等构件传来的荷载，并将这些荷载传给基础。这里的墙体结构主要指外墙，起到保护作用，负责抵御自然界各种因素对建筑的侵袭。

（2）墙体必须有足够的强度、稳定性、耐久性以及保温、隔热、节能、隔声、防潮、防水、防火等性能。

（3）在SI住宅中，钢筋混凝土的外墙也是一种部品，推荐采用双筋墙体（图3-12），这样的墙体比单层筋墙体（图3-13）更抗震。由于采用装配式施工方

图3-8 楼板与框架的衔接

图3-9 局部横梁与柱的连接

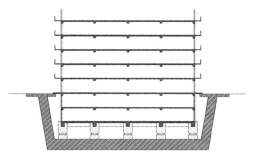

图3-10 混合型立体基础剖面图

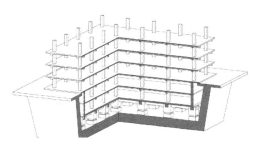

图3-11 混合型立体基础轴侧内剖图

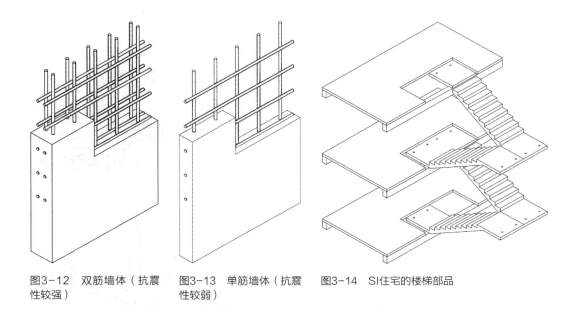

图3-12 双筋墙体（抗震性较强）　　图3-13 单筋墙体（抗震性较弱）　　图3-14 SI住宅的楼梯部品

法进行连接、安装，在主体结构上需要预留洞口或金属件，可以根据需要进行更新、改造等。

4）楼梯结构

（1）楼梯是住宅建筑的垂直交通设施，起通行和疏散作用。

（2）楼梯应保证规范要求的部数，并具有足够的通行宽度，便于疏散；应设置相应的防烟楼梯间，还应具有足够的强度和刚度，并具有防火、防滑、耐磨等性能。

（3）楼梯作为一个构件，既可现浇，也可预制装配。对于国内的SI住宅，建议采用预制组装方式，施工简便，节约成本（图3-14）。可以通过预埋金属件和铆接等方式，与主体结构进行连接。

5）屋顶结构

（1）屋顶是覆盖在住宅建筑顶部的围护构件，能够抵御自然界的风、霜、雨、雪、太阳辐射等因素对室内的侵袭；屋顶也是承重构件，承受其上面的全部荷载，并将这些荷载传递给柱或墙体。

（2）屋顶必须具有足够的强度、刚度以及保温、隔热、防潮、防水、排水、防火、耐久、节能等性能。

（3）屋顶按照坡度的不同分为平屋顶、坡屋顶和其他屋顶（拱顶、折板、壳体、悬索等）。

（4）SI住宅多采用平屋顶（图3-15），一般由钢或钢筋混凝土的梁、桁架和搁置在梁、桁架上的钢筋混凝土屋面板构成，可整体现浇或预制装配。

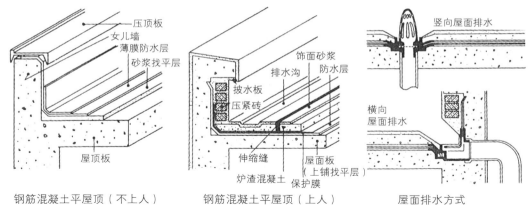

钢筋混凝土平屋顶（不上人）　　钢筋混凝土平屋顶（上人）　　屋面排水方式

图3-15　钢筋混凝土平屋顶剖断面

6）小结构

（1）围护门窗：门的主要功能是交通出入、分隔及联系内外或室内外空间，有的兼起通风和采光作用；窗的主要功能是采光和通风透气，同时起到分隔、围护以及空间的视觉联系作用。门窗应具有保温、隔热、隔声、节能、防风沙及防火等性能。

（2）外窗台：为了防止在窗洞底部积水并流向室内，窗台的台面檐口处应做成锐角或半圆凹槽，同时窗台下必须设钢筋混凝土板带，且室内与外窗台要有明显的高低差。

（3）外廊：靠近住宅楼的一侧外墙设置的公共走廊与每户的入口及楼梯、电梯相连（图3-16），一般分为敞开式、半封闭式、封闭式等，具有户型布置便利，分户明确等优点，但所占公摊面积较大，且外廊直接面对每户入口，对户内干扰较大。

图3-16　连接每户入口的外廊

（4）阳台：按照建筑形式，阳台可分为全凸式、半凸式和全凹式三种，阳台的承重构件可分为楼板外伸式、挑梁外伸式、楼板压重式、压梁式等。普通阳台宽度一般与房间开间一致，进深以1500~1800mm为宜，作为疏散方式的一种，可以在阳台上设置逃生口（图3-17）。

（5）分户墙基础：支撑分户墙的受力结构，也是装配、组合的接口部分（图3-18），必须达到标准化、规格化。

图3-17 设置逃生口的阳台

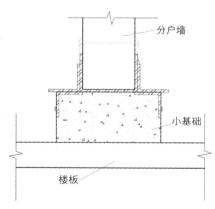

图3-18 分户墙基础剖面图

（分户墙、小基础、楼板）

3.3 结构的连接及与其他部品的连接

1）连接的分类

（1）结构构件间的连接

在现浇混凝土主体结构与预制装配式相结合的住宅中，结构构件之间主要采用现浇或等效现浇连接方式，增强整体结构稳定性。

①湿式连接方式

预制构件与现浇结构的连接节点采用现浇混凝土灌注（图3-19）。

②干式连接方式

通过预埋金属件或预留洞口，使构件与主体结构进行锚接、拼接、焊接或者套筒连接、螺栓连接等（图3-20）。

（2）结构构件与其他部品的连接

根据主体结构的类型、施工方式、所连接部品的类型、连接受力的性质、连接变形的

图3-19 湿式连接

图3-20 干式连接

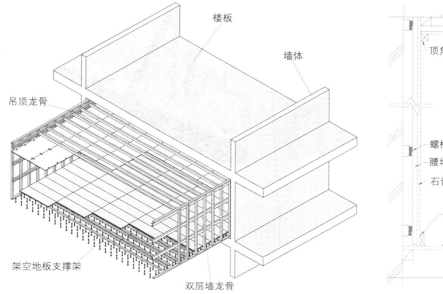

图3-21 构件与部品的连接

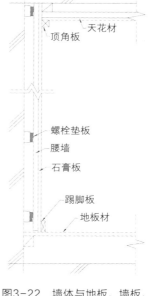

图3-22 墙体与地板、墙板、顶棚的连接

能力等，部品与结构构件之间具有不同的连接方式。

2）连接设计的原则

结构构件之间以及结构与部品之间的连接（图3-21、图3-22）应按以下原则进行设计：

（1）具有足够的强度，能够确保承担结构与部品之间的内力，确保整体稳定性。

（2）预留洞口及预埋件，并确保在使用年限内，连接处的变形小。

（3）提供多种连接方式，如铰接、锚接、焊接、拼接等，确保施工简单，利用方便。

（4）注重材料之间的适配性能，选择适当的材料，确保连接便利、牢固。

3）连接设计的具体方法

（1）主体结构（基础、柱、梁、楼板）采用整体现浇方式，形成一体化结构，提高整体稳定性。

（2）结构与建筑部品之间通过小混凝土工程过渡，并预留洞口和预埋金属件（图3-23）。

（3）结构与装修部品之间通过预留洞口、预埋件等相连接。

（4）部品之间全部采用干式工法进行

图3-23 结构构件与建筑部品连接用预留洞口

图3-24　装修部品间的干式连接

图3-25　PC外墙后安装法

图3-26　PC外墙先安装法

连接，施工简捷、便利（图3-24）。

4）结构与墙体部品的连接

（1）外墙采用工厂预制、现场装配的施工方法，目前国际上主要有"后安装法"（日本工法、图3-25）和"先安装法"（香港工法、图3-26）两种主流安装方式。

①后安装法，即待房屋的主体结构施工完成后，再将预制好的PC墙板作为非承重结构安装在主体结构上，其中主体结构可以是钢结构、现浇混凝土结构、预制混凝土结构。这样的非承重PC墙板又称为外墙挂板。此做法在欧美日非常多，尤以日本发展得最为成熟。

特点：安装过程中会产生误差积累，对主体建筑的施工精度和PC构件的制作精度要求都非常高，因而导致主体施工费用、构件模具费用和安装人工费用都很高，而且构件之间多数采用螺栓、埋件等机械式连接，构件之间不可避免地存在"缝隙"，为了美观，往往将这些缝隙设计成明缝，必须要进行填缝处理或打胶密封，如不细致，容易在防水、隔声等方面出现问题。

②先安装法，即在进行建筑主体施工时，先把PC墙板安装就位，用现浇混凝土将PC墙板连接为整体的结构，其主体结构构件一般为现浇混凝土或预制叠合混凝土结构。先安装法的PC墙板既可以是非承重墙体，也可以是承重墙体，甚至是抗震的剪力墙。此做法在新加坡、中国香港比较盛行。

特点：在施工过程中，用现浇混凝土来填充PC构件之间的空隙而形成"无缝连接"，不会形成"误差积累"，从而大大降低了构件生产和现场施工的难度，更易于市场推广；同时，构件之间"无缝连接"的构造增强了房间的防水、隔声性能。

（2）针对中国目前的住宅产业化发展现状，主体建筑的施工精度和PC构件的制作精度还有待提高，我们建议采用"先安装法"，并采用非承重的PC夹心墙板，确保住宅的整体质量。

（3）内隔墙采用蒸压轻质混凝土（Autoclaved Lightweight Concrete，简称ALC）板，即以粉煤灰（或硅砂）、水泥、石灰等作为主原料，经过高压蒸汽养护而成的多气孔混凝土成型板材，内含经过处理的钢丝（图3-27），具有容重轻、强度高的特性以及良好的保温隔热性、隔声性、耐久性等，施工简便，造价低。

（4）双层墙板：可以采用木龙骨隔墙体系和轻钢龙骨隔墙体系

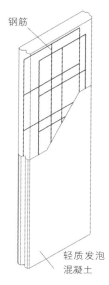

图3-27　ALC板结构概念图　　图3-28　双层墙板的施工

（图3-28），用螺栓组合，隔成双层墙板，其间布置水、电气、燃气等设备管线，便于维修、更新等。

（5）龙骨和板材的选择以及墙的厚度设定等，要考虑功能、隔声、防水等因素，龙骨间距要符合模数以及家具、电器等的规格尺寸，并兼顾洞口的留置。板材可以采用石膏板、水泥压力板等。

5）结构与地面部品的连接

（1）采用现浇楼板（图3-29），包括测量放线、支模、绑扎钢筋、浇筑混凝土、养护、拆模、继续浇水养护等步骤。

（2）需要预留金属件和预留洞口，以便与其他地面部品相连接（图3-30）。

图3-29　现浇楼板及小混凝土结构　　　　图3-30　楼板与地面部品的连接

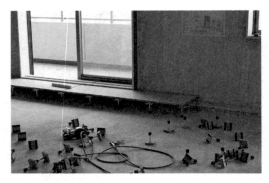

图3-31 双层地板的施工

（3）双层地板：采用螺栓支脚和承压板的组合体系，采用干式工法架空地板（图3-31）。其特点是采用点式支撑体系，使干式地暖、给水排水等设备管线敷设灵活，穿行不受支撑的制约（图3-32、图3-33），且承压板安装前只需粗调，架空安装后再精调，操作容易。

（4）局部需要作降板处理，如在卫生间采用结构降板300mm，解决了下水管道排布的问题，并确保卫生间与其他功能空间地面层保持高度一致，节约了高度空间。

6）结构与顶棚部品的连接

（1）由于采用现浇楼板，同样需要预留金属件和预置洞口（图3-34、图3-35），以便与其他天花部品相连接。

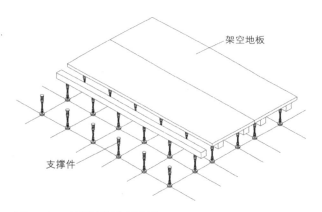

图3-32 双层地板结构概念图

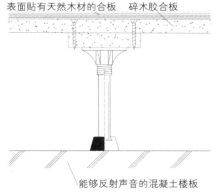

图3-33 双层地板剖面图

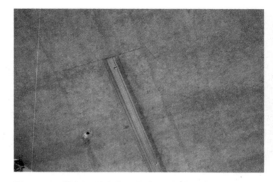

图3-34 楼板下预留与顶棚部品连接的金属件及洞口

图3-35 顶棚部品的安装

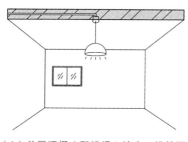

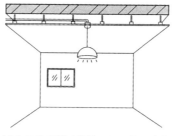

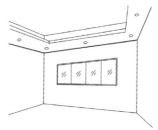

（1）单层顶棚（配线埋入墙内，维护不方便）　（2）双层顶棚（配线及照明位置改变方便）　（3）凹进式顶棚（可间接照明或调节照度）

图3-36　顶棚内装方式（碓井民朗，2014）

（2）结构与顶棚部品的连接方式大致可分为三类（图3-36）：

①在传统住宅中的普通做法，顶棚部品直接安装在结构层，部分电气管线隐藏在结构层内部，只露出外部的接口。

②在SI住宅中的标准做法，通过金属龙骨或木龙骨等，形成架空吊顶空间，内部包含电气管线、通风换气配管等，可以充分利用此空间到达各功能空间所需位置。

③在SI住宅中的特殊做法，综合了前两类，部分直接安装（一般为中央部分），部分为吊顶空间（一般为周边空间）。

（3）双层顶棚：采用轻龙骨吊顶体系（图3-37），通过干式工法形成吊顶夹层，可以在其间布置通风换气、电气等设备管线，便于维修和更新。

（4）吊顶龙骨和板材符合模数（图3-38），安装简单、快速，且现场切割少，较少噪声、粉尘等污染，有利于环保。龙骨选型包括U形龙骨、吊件式龙骨、低空间龙骨、齿形龙骨等，可根据结构条件和功能需求，选用适当的类型，通过胀栓或直接固定于顶棚结构上。板材一般选用纸面石膏板。

（5）吊顶可以结合灯具做顶棚造型，将灯管、灯带等灯具藏于天花造型内，利于美观。

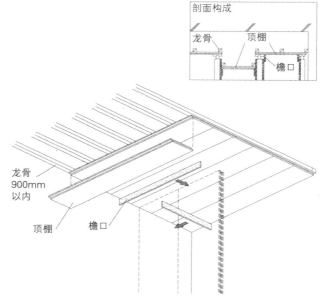

图3-37　轻龙骨吊顶结构概念图

图3-38 吊顶龙骨

图3-39 结构与楼梯的连接

图3-40 结构与分户墙的连接

7）结构与其他部品的连接

（1）结构与楼梯的连接：主要分为两大类，一类是整体现浇，另一类是楼梯本身预制，在结构主体和楼梯部品上预留金属构件，固定安装后再进行少量湿作业（部分混凝土外包，图3-39）。

（2）结构与竖向管井的连接：一般竖向管井在结构主体上直接现浇，强调整体结构的稳定性，在安装配管前需要在预定位置上切出口径，安装后用胶密实。

（3）结构与分户墙的连接：在分户墙的位置做混凝土小结构体，预埋金属构件，方便分户墙与主体结构的牢固连接（图3-40）。

3.4 品质保证与维护

1）结构的整体稳定性

（1）结构是建筑物中起骨架作用的空间受力体系，承受各种荷载，保证在风、雨、雪、地震等自然条件下或灾害中，仍能保持不失衡、不倒塌。因此，在SI住宅的结构设计中，首先要保证其整体稳定性（图3-41）。

（2）在进行结构设计前，需要认真、详细地进行场地勘察，并进行地震安全评估及风洞试验，根据各项勘察报告、评估报告以及拟建住宅的层数、平面布局等各方面因素，来选择适合的结构形式和结构材料，并进行相应的抗震、抗风、耐火等结构处理，保证结构的安全性和耐用性。

（3）结构的侧向刚度和重力荷载之比——刚重比是反映结构整体稳定性的关键参数，必须保证按照国家的规范、标准来设计、施工。

（4）住宅建成后，要以不破坏主体结构为原则，进行后期的维修、护理，保证结构的长期耐久性。

2）良好的抗震性能

（1）结构的抗震能力取决于结构的静承载能力和结构的延性特征。在进行SI住宅的结构设计时，需要根据结构特点，在传统抗震结构的基础上，设置避震、减震等多道防线（图3-42），如基础中加入铅芯积层橡胶、结构中设置油压减震器、屋顶悬挂秤锤等（图3-43）。

（2）在注意场地和地基因素的同时，要保证结构的刚度在平面和竖向上的分布规则、均匀，并加强对混凝土的约束，防止剪切、锚固等脆性破坏，同时要保证施工质量。

（3）合理控制结构的弹塑区部位，加强结构构件的连接，保证抗侧力构件的刚度、强度、延性具有适当的对应关系。

图3-41 保证结构的整体稳定性

3）空心厚楼板技术

（1）SI住宅采用埋置管状内模现浇混凝土空心厚楼板技术（图3-44），楼板厚度一般为250~350mm，适用于大跨度、大开间的住宅。

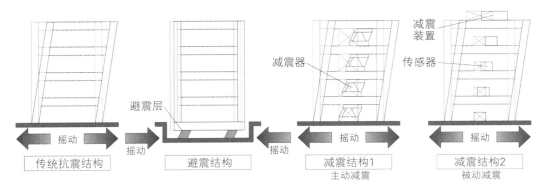

图3-42 抗震、避震、减震结构原理图

（a）铅芯积层橡胶

（b）油压减震器

（c）秤锤

图3-43 避震、减震结构技术

图3-44 空心厚楼板的现场施工

（2）与传统技术相比，空心厚楼板可以避免室内小梁的出现，形成大空间（图3-45）；还可以节约建筑材料，降低造价，并大大减轻自重；同时，具有良好的吸声效果，抑制振动，减少噪声；还能够降低空调费用，节省能源消耗。

4）同层排水

（1）SI住宅采用同层排水方式，即在同楼层内平面敷设排污、排废横管，不穿越楼层，然后汇总到公共立管（总排水管）的排水方

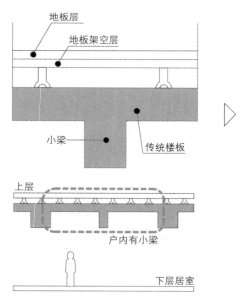

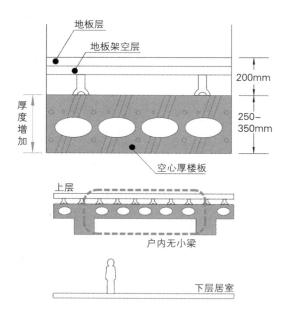

图3-45 空心厚楼板与传统楼板结构示意图

式。一旦发生堵塞、故障，在本楼层户内即可解决问题。

（2）相对于传统的隔层排水方式，同层排水通过本层内管道的合理布局，彻底摆脱了相邻楼层间的束缚，避免了排水横管侵占下层空间而造成的麻烦和隐患，体现出房屋产权明晰、卫生器具布置方便、空间不受限制、排水噪声小、渗漏概率小等优势，不需要旧式的P弯或S弯。同时，采用壁挂式卫生器具，地面不留任何卫生死角，便于清扫（图3-46）。

（3）同层排水主要采用降板方式（图3-47），即下沉卫生间的结构楼板，将排水横管敷设在双层地板内，造成自然高差，便于流向公共立管。降板的优点是少回填、密实度有保证，省工省料，土建综合成本小，堵漏维修方便，卫生间无需吊顶，增加了整体净空高度，并减少了楼体的承载负荷。

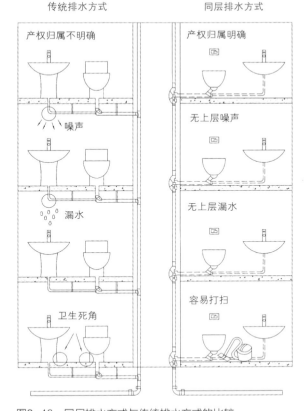

图3-46 同层排水方式与传统排水方式的比较

5）空间开放性

SI住宅注重空间开放性，形成大空间，便于内部的灵活布置和自由分割（图3-48、图3-49）。一般采用以下几种结构形式：大空间-大开间多功能结构体系、预应力板柱结构体系、钢筋混凝土巨型结构体系、CFT柱-FR梁-预应力空心板结构体系等。

（1）大空间-大开间多功能结构：底层商业部分通常采用框剪结构，保证可以提供大开间的使用空间，以满足商铺、服务设施等的空间需求，上层住宅部分一般采用5.4～7.2m的大开间和大进深框架结构，以满足住户对套内布局和分隔的要求。

（2）预应力板柱结构：内部空间无梁，能够形成框架框定范围内的大平面空间，可以自由、随意地布局、分隔，结构框架具有百年以上耐久性，分隔构件虽然只有10～30年的使用年限，但可以不断地更新、更换。

（3）钢筋混凝土巨型结构：用钢筋混凝土巨柱、巨梁和巨型支撑等巨型杆件组成空间桁架，相邻立面的支撑交会在角柱，形成巨型空间桁架结构。抗侧力强，整体性好，可以满足

图3-47 同层排水的降板处理　　　　　　　　　图3-48 户内大空间

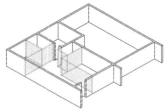 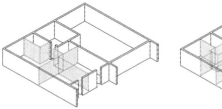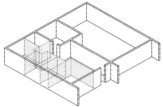

图3-49 户内布局的可变性

特殊形态和使用功能的平面、立面要求，节省材料，既高效又经济，适用于超高层住宅。

（4）CFT柱-FR梁-预应力空心板结构：采用CFT（钢管填充混凝土柱）技术，与FR（涂防火涂料）钢梁及预应力空心板构成骨架，用干式混凝土板做外墙，能够提供更加丰富、多样化的生活空间。

· 结合实际情况，中国的SI住宅宜采用混凝土框架、筒体剪力墙、空心厚楼板构成的混合结构，大跨距框架及室内无小梁，可以形成自由变动的大空间。

6）经济性

高强度和超高强度混凝土：随着混凝土制造工艺及应用的发展，高强度混凝土的定义也在不断变化。按照我国《高强混凝土结构技术规程CECS104：99》的定义，高强度混凝土为采用水泥、砂、石、高效减水剂等外加剂和粉煤灰、超细矿渣、硅灰等矿物掺合料，以常规工艺配置的C50～C80级混凝土（表3-1）。日本2009年版《钢筋混凝土结构施工标准规范JASS5》以及2010年版《钢筋混凝土结构计算标准》中，将设计基准强度f_c（表示直径100mm、高200mm的圆柱体抗压强度的平均值减去至少1.73倍标准偏差得到的设计标准强度，大致等于我国混凝土强度的0.83倍）在36～60N/mm²间的混凝土称为高强度混凝土，f_c超过60N/mm²的混凝土称为超高强度混凝土（表3-2）。现在已经出现使用200N/mm²混凝土的建筑。

中国的高强混凝土强度标准值（N/mm²）　　　　　表3-1

强度种类	符号	混凝土强度等级						
		C50	C55	C60	C65	C70	C75	C80
轴心抗压	f_{ck}	32.0	35.0	38.0	41.0	44.0	47.0	50.0
抗拉	f_{tk}	2.65	2.75	2.85	2.90	3.00	3.05	3.10

日本的混凝土种类与强度　　　　　表3-2

种类	设计基准强度（N/mm²）	水—水泥比例（%）
轻量混凝土	24～33	50～60
普通混凝土	27～36	40～50
高强度混凝土	36～60	25～40
超高强度混凝土	＞60	＜25

　　高强度钢筋混凝土结构的SI住宅，除了采用高强度混凝土外，还采用高强度的主筋、横补强筋等受力钢筋，使其具有更好的耐久性、抗震性、耐火性、隔声性、隔热性、封闭性等，并可以节省能源，降低造价，具有经济实用性。

　　7）短工期

　　由于SI住宅的结构采用现浇与预制装配相结合的施工方法（图3-50、图3-51），现浇主体结构保证了整体稳定性，同时预制装配其他构件和部品简化了施工工艺，节省了大量模板，从而大大缩短了工期，可以快速、方便地完成施工，并确保形成高质量的结构体。

　　SI住宅采用工业化生产方式，需要在科学、系统的管理体系下，通过制定合理的工程进度计划，进行科学的施工部署，确定合理的施工工序，选择最佳的施工方案，明确施工主线和支线，并与相关辅助计划配套，从而加快工程，缩短工期。

图3-50　现浇结构柱

图3-51　预制装配梁

8）维护管理

（1）SI住宅在施工建设过程中，既有干式工法，也有湿作业，涉及众多的工种、工艺、工序以及部品、构件等，需要有严格的维护管理制度，才能保证施工的顺利进行。

（2）为了保证住宅建筑的质量，通常要根据建筑、设备、部品等各项基准以及标准图集、标准施工程序等来完成不同的施工，其中也包括在每道工序完成后针对建筑、结构、设备、部品等的维护与保养。

（3）工程完工和移交前，针对主体结构、局部结构以及与设备、部品的连接等，需要对相关管理人员进行操作和维护的培训，使其能够独立进行结构、设备、系统的操作、更新、改造以及故障的排除。

（4）工程交付后，仍需要有定期的维修、保养（图3-52），包括地基基础、主体结构、墙体、楼梯、电梯、屋顶以及门窗、窗台、阳台等构件和部品等。

9）质量检验和安全控制

（1）建立起SI住宅质量检验和安全控制体系，针对结构主体、结构构件、结构部品、结构节点以及连接等，进行无损检测，并作出评价。

（2）对建筑结构和部品进行质量检测、评价，如采用数字图像技术处理的裂缝自动化识别、对节点内部缺陷的无损检测、梁端节点性能检测、构件桡度测试、外墙无损检测、预制构件外观检测、预制构件预埋件和预留孔位置精确度检测、原材料检测、预制构件质量评价等。

（3）对SI住宅的技术工作及现场施工进行质量监督管理，形成一整套管理体系（图3-53），如对预制构件的制造标准化、施工工法进行监督，确立系统的验收标准、规范，确保工程质量和安全等。

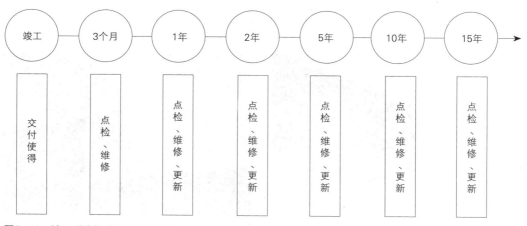

图3-52 竣工后定期检修维护日程

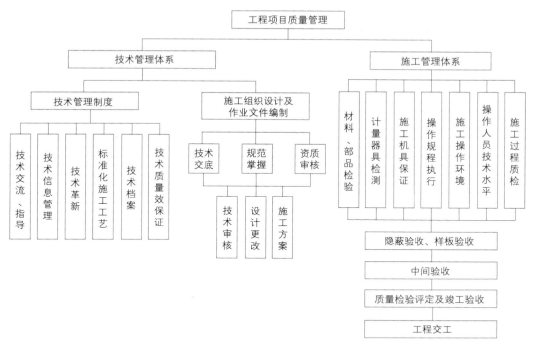

图3-53 工程项目质量管理体系

SI住宅的设备设计

4.1 设备设计的基本理念

1）基本理念

SI住宅的设备设计应以建设可持续的住宅为基本原则，使设备与建筑达到平衡与融合、节省能源和资源、降低环境负荷、延长建筑寿命，从而创造安全、舒适、便利的居住环境。

2）设置公共管井

SI住宅的要点之一是将公共立管与墙体分离，并设置在住宅公共区域的公共管井内（图4-1、图4-2），相比普通住宅，具有诸多优势。

（1）集约性：设备管线集中设置在一定的公共区域，可以达到紧凑化，减少空间、材料、成本的浪费（图4-3）。

（2）高效性：对公共管井及各种管线统一管理、维护，能够提高利用效率，并保证设备运行质量。

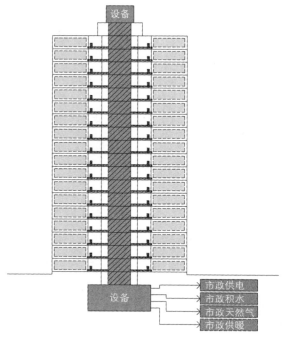

图4-1　综合设备系统图

图4-2　公共管井

图4-3 供电系统配线

图4-4 户内双层地板下的供冷热水配管

（3）安全性：公共管井内的管线设备等只能由专业人员安装、维修、更换等，可以避免其他人随便拆装，确保不出事故、不出差错。

（4）独立性：公共管井独立于结构和内装而存在，设备维修、更新以及内装施工、改造时均不受干扰。

（5）便利性：由于户内没有穿墙立管的存在，可以在双层地板、墙板或顶棚内自由布置管线，并留有检修口，方便维修而不影响其他户（图4-4）。

（6）美观性：公共设备管线和各户室内管线可以完全封闭布置，全部隐藏在公共管井和户内地板、墙板、顶棚内，既可消除安全隐患，又可达到美观效果。

3）设置分户计量表箱

SI住宅重视每户的自由度，其中也包括在门厅附近的公共空间为每户设置一个分户计量表箱，内部容纳了供水、供电、供燃气、供暖等各种设备的分户计量装置（图4-5）。

（1）目的：保证供应质量，合理收费制度，实现节能降耗。

（2）优点：强调个性化，提高舒适性，节水节能。

图4-5 分户计量表箱

4.2 给水排水

1）给水系统

给水系统包括供自来水、热水、消防栓给水、自动喷淋给水以及中水等不同系统。SI

住宅采用分水器供水方式，分别设置不同功能的给水管以及通往不同功能空间的给水管等，如冷热水供水系统（图4-6），通过分水器（图4-7）分别连接通往厨房、盥洗室、浴室以及卫生间的冷、热水管（图4-8）。此外，有的还在卫生间单独设置中水管，作为平时冲厕用水。

（1）自来水

在住宅楼的供水设计中，普遍采用两套供水方式：水池+水泵+高位水箱系统；水池+变频泵系统。高层SI住宅宜采用两套系统所构成的复合分区给水方式，这样的安排，既保

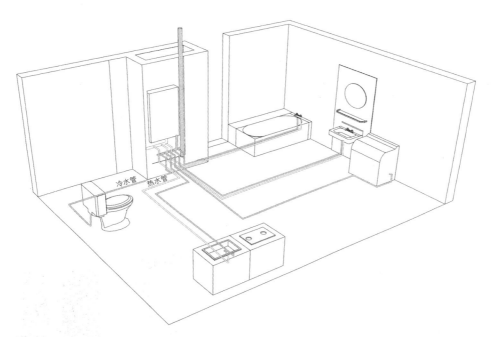

图4-6　冷热水供水系统概念图

图4-7　冷热水分水器

图4-8　架空地板下的冷热水管

证了正常的二次加压供水，又保证了在停电的情况下，可以利用高位水箱继续供水。

住宅内的水消耗量应根据居住人口和每人一日的最大消耗量计算确定。在一天的不同时间段会出现耗水量的变化，如早晨洗漱、傍晚烹饪及晚间洗浴时会出现用水高峰。

（2）热水

住宅应设置热水供应设施，包括浴室用热水和厨房用热水，以满足洗浴、洗漱及洗菜、洗碗等的需求。由于热源状况和技术经济条件不同，可采用多种加热方式和热水供应系统，如住宅楼集中供热水系统（图4-9）、每户单独供热水系统（燃气热水器、电热水器、太阳能热水器等，图4-10）。在SI住宅中，应尽量采用每户单独供热水系统。

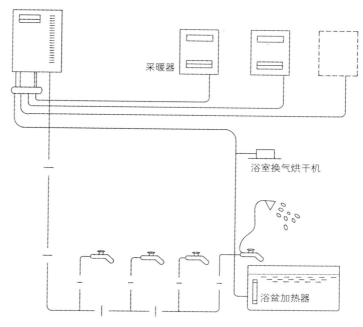

图4-9　集中供热水系统

2）排水系统

（1）同层排水

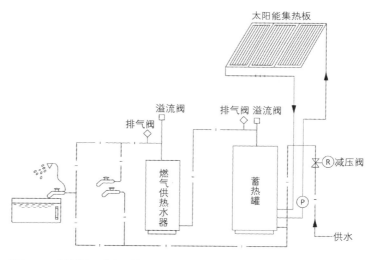

图4-10　强制循环式太阳能供热水系统

SI住宅追求布局灵活、维修方便，因此户内不设排水立管，而是采用同层排水方式，将排水立管设置在公共管井内，户内只有保持一定坡度的排水横管，铺设在双层地板下方，一般在门厅地板上留有检修口，便于维修、更换（图4-11）。这样，就避免了传统排水方式由于排水立管穿过楼层，维修时常常影响上下楼住户的情况。

采用这种排水方式，一般排水横管保持在1/100的缓坡即可。同时，可以在公共立管上伸出一个横向支管作为清扫专用口，利用高压清洁方式，在公共空间即可清扫干净，而不用入户清扫。

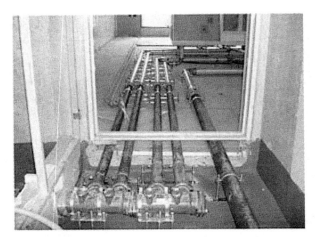

图4-11 同层排水管线

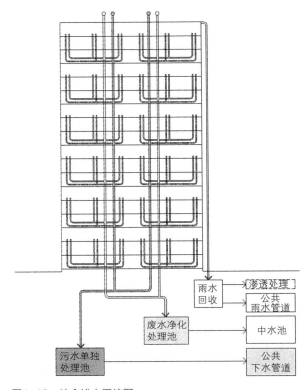

图4-12 综合排水系统图

（2）综合排水系统图

污水、废水以及雨水的收集、输送，废水和雨水的净化处理以及污水的排放等，以一定的方式组合成一个综合排水系统，包括各类横管、立管、管井、管道以及回收池、净化池、储水池等（图4-12）。

（3）分流制排水系统

普通住宅的排水系统往往只有一根排水立管，而在SI住宅中，我们建议排污水、排废水和排雨水分流，分别设置排污水管、排废水管和排雨水管。同时，在排水系统中设置一条排气管，用来把所有下水道中的气体迅速排到室外，并防止沉水湾里的水产生虹吸效应，使管道里的空气畅通。

①排污水

厕所的生活污水通过排污水横管、排污水立管，并流到地下的市政污水管（图4-13）。

排污水横管铺设于本层户内，便于检修和疏通，可在卫生间采用降板方式，达到排污水横管所要求的坡度。

②排废水

除厕所以外的盥洗室、浴室、厨房等的生活废水通过排废水横管、排废水立管，汇流到住宅楼地下或

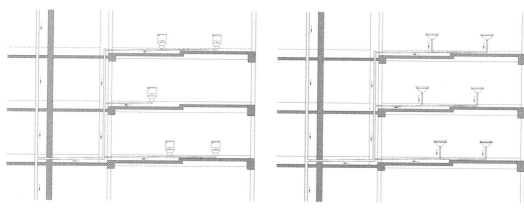

图4-13 同层排污水概念图　　　　图4-14 同层排废水概念图

室外地下的废水净化池（图4-14）。

排废水横管同样铺设于本层户内，便于检修和疏通，如需要，也可在浴室或厨房采用降板方式，达到排废水横管所要求的坡度。

③排雨水

通过屋顶雨水收集管（图4-15）和阳台雨水收集管（图4-16），将雨水与小区雨水管道、雨水口、市政雨水管相连。平时雨水汇流至雨水净化池，经过净化处理后，变成中水被再利用；当洪涝季节或遭遇暴雨时，大部分直接排放到市政雨水管。

3）中水系统

中水指各种排水经过适当的处理达到规定的水质标准后回用的水，如盥洗、沐浴、洗衣、厨房等生活废水经过净化处理后，被回收再利用，并将其纳入杂用水供水系统，作为冲厕、清扫、消防、冷却或者室外浇灌等用水（图4-17）。

中水是沿用了日本的叫法，也称再生水。人们通常将自来水称为"上水"，将污水、

图4-15 屋顶排雨水立管口

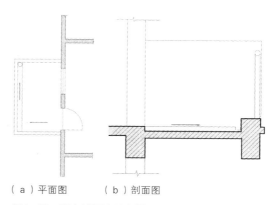

（a）平面图　　　（b）剖面图

图4-16 阳台排雨水示意图

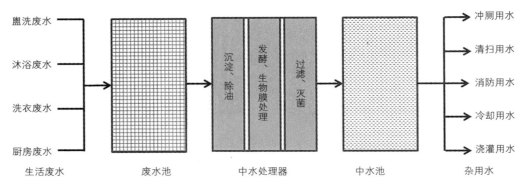

图4-17 中水回收利用示意图

废水称为"下水"，再生水水质介于上水和下水之间，故称"中水"，虽不能饮用，但可以用于水质要求不高的场合。

再生水是城市的第二水源，是提高水资源综合利用率、减轻水体污染的有效途径之一。中水合理回收利用，既能减少水环境污染，又可以缓解水资源紧缺的矛盾，是可持续发展的重要举措，具有可观的社会效益、环境效益和经济效益，所以建议SI住宅采用中水系统。

4）给水排水管井

住宅建筑中的各类给水排水立管集中设置在公共管井中（图4-18），包括自来水管、消防水管、排污水管、排废水管、中水管等。给水排水管井可以分开设置，也可合用一个。

应根据系统确定立管根数，并保证管道最小间距，同时考虑阀门的安装、消防箱的设置以及检修口、操作空间的大小等，以此来确定给水排水管井的尺寸。

SI住宅采用污、废分流方式，因此应分别设置连接便器的排污水立管和连接洗脸盆、浴盆、厨房水槽的排废水立管，并且立管管径不得小于所连接的横支管管径。

图4-18 给水排水管井

5）设计要点

关于给水排水设备在设计上的注意点，主要从分水器、节水性能、分流制、回收再利用四个方面来概括总结。

（1）分水器

在现代住宅设备中，分水器的出现可谓一项标志性的变革，使得在不同系统层级中，给水的压力稳定性得到了良好的保障，保证了给

图4-19　分水器供水方式

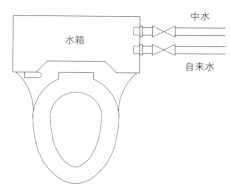

图4-20　中水利用示意图

水源到终端接口的水流顺利通达（图4-19）。

（2）节水性能

地球水资源的严重缺乏，对给水排水设备的设计提出了越来越高的要求，尤其是使用时的节水性能，是衡量设备好坏的重要标准。在保证水质与需求功能相匹配的同时，更精准地减少不必要的水流失，是节水设计的关键。

（3）分流制

分流制是不同的水质得到最合理利用的保证，使用前和使用后的不同水质处理，使得水资源的利用效率最大化。

（4）中水、雨水回收再利用

生活废水及雨水经过处理后，可以多次重复利用（图4-20），在水资源严重缺乏的现在，回收再利用的设计是保护水资源可持续利用的重要手段。

4.3　暖通

1）24小时通风换气系统

（1）概念：区别于传统的自然换气方式，采用风扇等机械方式（包括热交换器型）进行有计划地送风、排气，使室内24小时保持新鲜空气的强制性通风换气系统。

（2）换气范围，包括整体换气（室内）和局部换气（厨房、卫浴等）。

（3）换气方式，主要包括以下三种方式（图4-21）：

①机械送风、机械排气：分散型和集中型均可。

②机械送风、自然排气：室内气压高于室外，灰尘不容易进入，但墙内容易结露。

③自然送风、机械排气：住宅最通用的方式，需要具有一定的气密性。

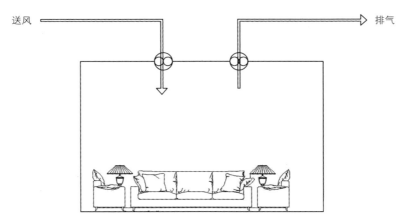

（a）机械送风、机械排气

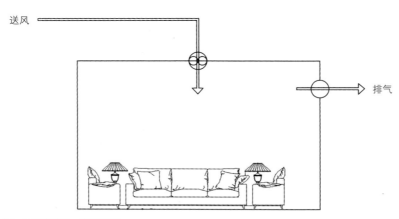

（b）机械送风、自然排气

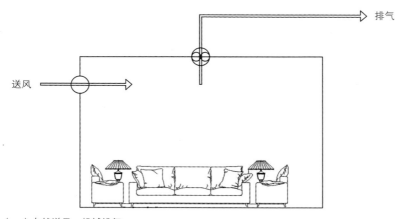

（c）自然送风、机械排气

图4-21　不同换气方式概念图

（4）厨房的排烟换气

厨房的通风好坏直接影响室内的清洁度及居住空间的空气质量，并且与防火、防燃气中毒等密切相关。通常厨房的排烟有两种做法：一是排至竖向共用排烟道，二是直接排至室外。由于排至共用排烟道的做法时常发生回流和泄漏的现象，所以在SI住宅的厨房中，我们建议采用横向机械排烟换气设备，直接将油烟排至室外，同时进行换气（图4-22）。其优点是节省功能空间，可不受竖向烟道位置制约，自由布置空间格局，并具有防灾、隔声作用。当然，这种排烟换气方法需要在外排口设置避风及防止污染环境的构件。

2）空调系统

SI住宅的空调系统包括制冷与采暖两个方面。

（1）集中式中央空调

所有空气处理设备（风机、过滤器、加热器、冷却器、加湿器、减湿器和制冷机组等）都集中在空调机房内，由冷水机组、热泵、冷热水循环系统、冷却水循环系统以及末端空气处理设备（如空气处理机组、风机盘管）等组成，空气经处理后，由风管送到各空调房里（图4-23）。这种空调系统，热源和冷源也是集中的，处理空气量大，运行可靠，便于管理和维修，但机房占地面积较大。

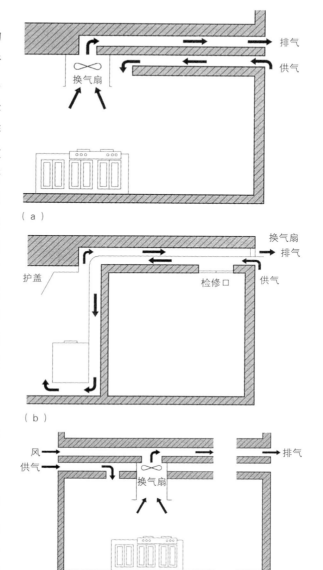

（a）

（b）

（c）

图4-22 厨房排烟换气系统

（2）分户式单元空调

以户为单位设置的独立空调系统，处理空气用的冷源、空气加热加湿设备、风机和自动控制设备均组装在一个箱体内，空调箱多为定型产品，包括燃气空调、空气源热力泵空

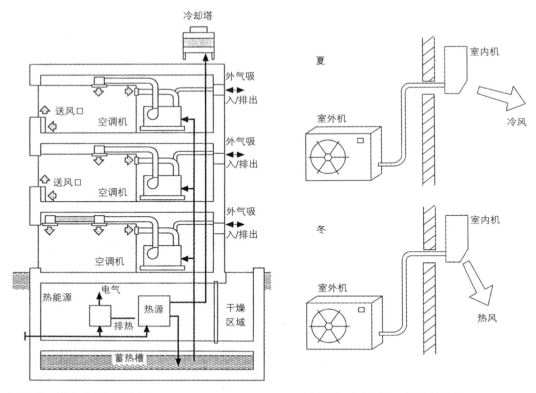

图4-23 集中式中央空调系统　　　　图4-24 气冷式热力泵型空调机

调（图4-24）、水源热力泵空调等。这类空调系统又称机组系统，可直接安装在空调房间附近，就地对空气进行处理，可根据需要自由调节，同时不影响其他用户。

SI住宅多采用这种分户单元式的空调系统，每户有一个总调节器，可以根据自己的情况，调节适合的温度、湿度，并适时进行空气净化。

3）采暖系统

（1）集中供热

①区域集中供热，也称城市集中供热，是城市能源建设的一项基础设施，即从城市集中热源，以蒸汽或热水为介质，经供热管网向全市或其中某一地区的用户供应生活和生产用热（图4-25）。我国的北方地区冬天较寒冷，基本采用这种供热方式。

②小区集中供热，在居住小区内设置锅炉房，通过供热管线集中为整个小区的住户供热。在没有市政供热管线的地区，可以采用这种供热方式。

（2）独立供热

即每户有自己单独的热源，热源设备包括燃气壁挂炉、电暖器、空气源热泵、地源热泵、太阳能集热器等。

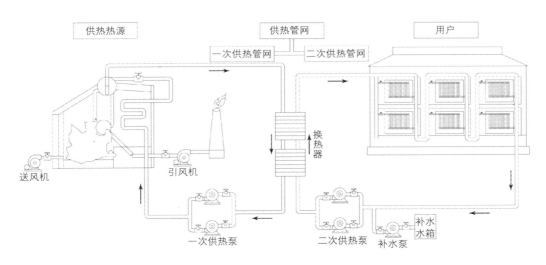

图4-25 区域集中供热系统图

（3）分户计量采暖

集中供热的SI住宅，建议采用分户计量采暖系统，供热主立管设置在公共管井内，向每户引出户内管道，管道入口设置在分户计量表箱里，设有调节阀门和热量表。

独立供热的SI住宅，一般多采用地暖（地板辐射采暖）系统，以整个地面为散热器，通过地板辐射层中的热媒，均匀加热整个地面，利用地面自身的蓄热和热量向上辐射的规律，由下至上进行传导，来达到取暖的目的。

①水地暖是以温度不高于60℃的热水为热媒，在埋置于地面以下填充层中的加热管内循环流动，通过地板辐射和对流传热而达到采暖目的。

②电地暖是将外表面温度上限为65℃的发热电缆埋设在地板中，以发热电缆为发热体加热地板，达到地面辐射采暖的目的（图4-26）。

4）供燃气系统

（1）城市供燃气系统

城市供燃气系统指供应居民生活和部分生产用燃气的工程设施系统，是城市基础设施的组成部分，由气源、输配管网和应用设施三部分组成（图4-27）。在城市中，使用燃气代替煤作为燃料，对发展生产、方便生活、节约能源、减轻大气污染等都具有重要意义。

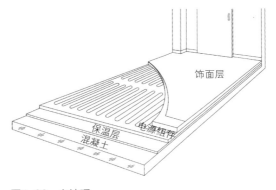

图4-26 电地暖

城市燃气主要有三类：天然气、人工气及液化石油气。天然气由于热值高、生产成本低、安全性强、污染小等特点，现在已成为理想的城市燃气气源。

（2）住宅户内燃气系统

由住宅楼的燃气总立管向每户分出支管，通过燃气表连接燃气设备及控制盘（图4-28）。

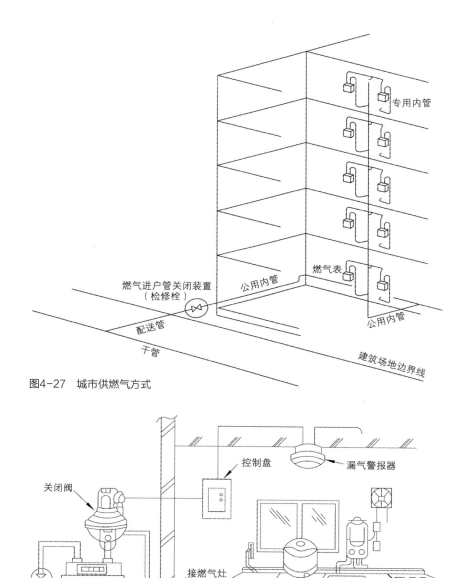

图4-27　城市供燃气方式

图4-28　户内燃气系统

户内燃气管道的铺设应符合相关规范要求，并应安装漏气警报装置，确保安全。

燃气管的口径应根据各住户所使用的燃气器具和设备的燃气消耗量来决定（图4-29）。燃气消耗量可根据燃气设备的种类、数量以及每小时的燃气消耗量和各种设备的同时使用率来确定。

图4-29 燃气管

5）暖通管井

住宅的暖通管井主要包括公共空间的送风井和寒冷地区要求的采暖管井。在高层住宅中，常将暖气管道与给水排水、消防等管道设置在一个管道井内，也称水暖井，这时，要求暖通专业与给水排水专业互相协调，避免管井内的各种管道交叉打架的问题。

住宅暖通管井的一般尺寸如表4-1所示。一般情况下，暖通管井的尺寸与楼层数及户数相关，如多层一梯两户的水暖井尺寸约为600×1400（mm），高层一梯六户的水暖井尺寸则增加到800×2200（mm），高层塔楼根据户数可以进行适当的调整。

暖通管井一般尺寸　　　　　　　　　　　　　表4-1

水暖井		
多层	一梯两户	600x1400（mm）
	一梯三户	600x1600（mm）
中高层 （<50m）	一梯两户	700x1500（mm）
	一梯三户	700x1800（mm）
	一梯四户	700x2000（mm）
高层	一梯两户	700x2000（mm）
	一梯三户	700x2200（mm）
	一梯四户	800x2200（mm）
	一梯五户	800x2200（mm）
	一梯六户	800x2200（mm）
加压送风井		
合用前室	0.8（m²）	出风口一侧>800mm
消防前室	0.6（m²）	出风口一侧>800mm

在SI住宅中，各住户内部的通风、换气、采暖等，原则上各住户独立解决，不与公共暖通管井直接连接（寒冷地区等特殊情况除外）。

图4-30 同层排烟换气管道

图4-31 热交换器设备

6）设计要点

（1）加压送风系统

在住宅内部，通过送风机械，向室内空间导入新风，加大室内外空气的压力差，让室内空间形成正压，使得外来烟雾或不洁空气不易进入。通常，加压送风作为消防排烟系统处理手法使用。

（2）同层排烟换气

传统的住宅通常采用公共排烟管井（直接通屋顶室外空间）进行排烟换气，往往由于外部气候（如大风）和设备的气密性问题，造成漏烟、返烟、串味等现象。SI住宅通过各住户内独立的换气设备（图4-30），特别是设置热交换器（图4-31），可以直接向室外进行送风、排烟、排气等，确保了室内空气的流动性和清洁性。

（3）采暖分户计量

由于各住户对温度变化的敏感度不同，无论是分户采暖（南方地区）还是集中采暖（北方地区），都提倡分户计量采暖，这样更加符合各住户居民对物理环境的个性需求，更加节约供暖资源。

4.4 电气

1）全电气化住宅

（1）概念

一般相对于燃气住宅而言，指家庭内使用的能源统一为电力，即烹饪（电磁炉）、热水（电热水器）、采暖制冷（空调、蓄热式电暖气、电地暖系统）等系统全部使用电力的新式住宅（图4-32）。

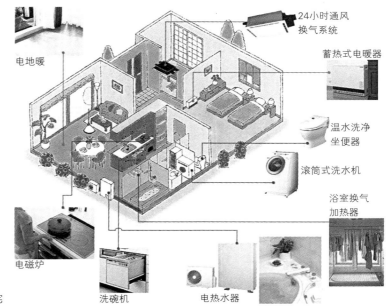

图4-32　全电气化住宅

（2）优点

安全、清洁、便利、省能源。

①可以避免在封闭环境中一氧化碳中毒及废气污染的产生。

②由于避免了明火，可以减少火灾的风险，在发生灾害时恢复较快。

③电气系统布线简单，不需要配管，成本低，且布局自由度高，内装便利（图4-33）。

④可以利用天然能源，如太阳能、风力发电等，绿色环保。

（3）缺点

电力消耗大、停电风险、噪声、改装难。

①在大量消耗电力的高峰时段，容易引起供电不足，诱发停电，且电费易受燃油价格左右。

②在停电发生时，家庭内的所有电器均不能工作，将给生活造成极大的不便。

③电暖气、电热水器等使用时会产生噪声，特别是在夜里，会干扰人的睡眠。

④一旦建成了全电气化住宅，要想改建成燃气住宅将非常困难。

2）强电

（1）电力引入系统

强电是住宅内不可缺少的重要设备，电力引入需要全楼统一，主要包括以下设备（图4-34）：

地下电缆、变压器室、引入开关、引入线、地板下公共分电盘、各户配电箱等。

图4-33 电气系统布线

（2）电力设备

SI住宅的电力设备分为公共电力设备和户内电力设备两大类。

①公共电力设备

主要包括电力引入设备、电力干线设备、公共照明设备、动力配线设备等。

· 电力引用设备：将各住户使用的电力统一引入的设备，由引入线、变压器、引入开关、电力公司变压器室构成。

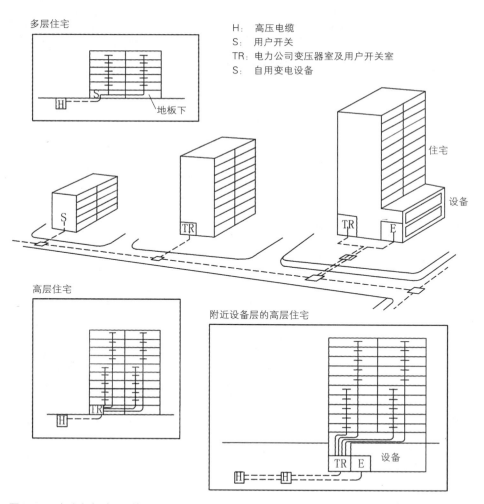

图4-34 市政电力引入系统

- 电力干线设备：向各住户配送电力的配线，主要是有分支的干线电缆。
- 公共照明设备：住宅楼内公共空间（门厅、大厅、走廊、楼梯等）的照明灯具及其配线等设备，还包括开关和插座等。
- 动力配线设备：给水泵、电梯等动力机器和设备的电源设备，由变压器室、各动力机器设备控制盘的配线、配电盘等构成。

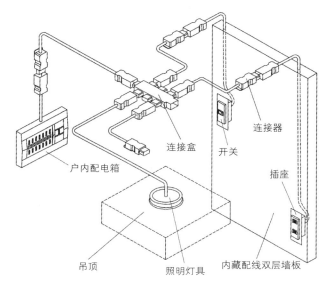

图4-35　户内电灯插座设备

②户内电力设备

主要包括电灯插座设备、电力制冷供暖设备、电力供热水设备、电力厨房设备等。

- 电灯插座设备（图4-35）：包括户内配电箱（保障住户内各分支线路安全供电的装置，由限流器、主干开关和分支开关等组成）、分支线路（包括连接照明灯具和插座、开关等的线路以及供大型机器使用的专用插座线路）、照明设备（各功能空间的照明灯具盒开关）、插座（各功能空间的插座，包括通用的和专用的两种）等。
- 电力制冷供暖、供热水设备：以电力为能源的制冷供暖和供热水设备，多设置在全电气化住宅中。
- 电力厨房设备：全电气化住宅中使用电力烹调器的厨房设备。

（3）照明系统

按照节能环保原则，采用智能照明系统。利用先进的电磁调压及电子感应技术，对供电进行实时监控与跟踪，自动平滑地调节电路的电压和电流幅度，改善照明电路中不平衡负荷所带来的额外功耗，提高功率因素，降低灯具和线路的工作温度，达到优化供电的照明控制。

（4）电力机械设备系统

电梯设备：电梯的设置台数可根据定员人数和速度的运行计算来确定，并设置相应的消防电梯，但不能作为安全出口，应与疏散楼梯保持安全疏散距离，并不被楼梯包围。除了安装普通客梯和货梯外，对应老龄化社会，还应安装担架可以进入的大型担架客梯（图4-36）。

变电设备：当住宅楼的电容量达到一定规模时，需要设置、安装变电设备，分为电力

图4-36 担架可以进入的大型担架客梯

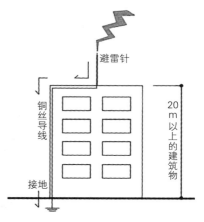

图4-37 住宅楼避雷装置概念图

公司变电设备和自用变电设备，所需面积根据具体情况来定。

（5）应急电源

自用发电设备：附设了泵送式给水系统、废水处理装置、备用紧急电梯以及多功能住宅防灾电源的高层住宅，需要设置自用发电设备，也作为应急电源使用。

（6）避雷装置

当住宅建筑高度超过20m时，应在屋顶安装由避雷针（接闪器）、避雷导线（引下线）、接地极（接地体）等部分构成的避雷装置（图4-37）。

3）弱电

（1）弱电系统

随着高新技术的迅速发展，弱电技术的应用越来越广泛，涵盖了居住小区、住宅楼栋以及各住户内部的方方面面。居住区的弱电系统主要包括以下几方面：综合布线、楼宇智能化、设备管理、物业管理、消防报警、安全防范等（表4-2）。

居住区弱电系统　　　　　　　　　　　　　　　　表4-2

分类	内容
综合布线	卫星接收系统、有线电视系统、电话交换系统、宽带网络系统等
楼宇智能化	地库新风监控、智能照明、水泵监控、冷热源监控等
设备管理	电梯管理、给水排水设备管理、发电设备管理、变电设备管理、燃气设备管理等
物业管理	小区一卡通系统、广播及背景音乐系统、停车场管理系统、三表远传系统等
消防报警	公共广播系统、消防警报装置系统、灭火设备管理系统等
安全防范	电子门禁系统、访客对讲系统、闭路电视监控系统、电子巡更系统、防盗报警系统等

（2）智能化综合信息管理系统

在包含高层、超高层住宅在内的大规模居住区内，由于各种设备复杂多样，为了实施有效管理和成功构筑与居住生活紧密相关的设施，需要建立起一套综合信息管理系统，实现智能化居住区及智能化住宅建筑，具体可包括入口门禁管理（图4-38）、电视共享、设备管理自动化、智能化消防报警、家庭电器设备自动化、智

图4-38　住宅楼入口门禁智能管理系统

能化停车场管理等多个方面。智能化应朝着提高安全性、增强舒适度、满足通信需求、丰富精神文化生活、实现自动化、节能环保等方向发展。

4）电气管井

（1）也称电缆管井，其中没有管道，而是集中敷设了从下到上通往建筑各层的电气主干线。

（2）电气管井内的设备包括电缆、插接式母线槽、插接式配电箱、公共照明配电箱、总配电箱、T接电箱、管井房照明设备等。

（3）强、弱电管井可以分离，也可以合用。在SI住宅中，建议强、弱电管井分离设置（图4-39），既安全可靠，又能避免互相干扰。作为一般原则，强电井的尺寸要比弱电井大，如板楼和每层不超过6户的塔楼，强电井尺寸可设为1200mm×600mm，弱电井尺寸可

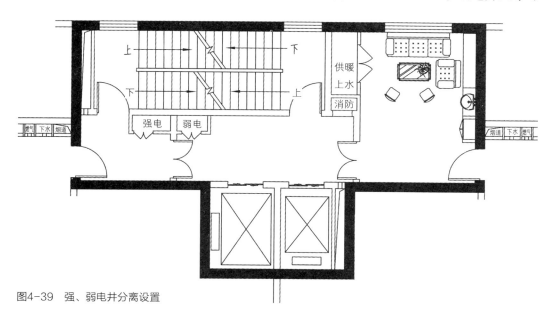

图4-39　强、弱电井分离设置

设为1000mm×600mm，每层超过6户的塔楼，强电井尺寸可设为1200mm×1200mm，弱电井尺寸可设为1000mm×1200mm。

5）设计要点

（1）强弱电分离

由于电流本身会形成电磁场，为了避免照明、插座等强电体系和电话、电视等弱电体系之间的相互干扰，强弱电管井宜分开布置，并保证足够的距离。

（2）细分管理

将住宅内的电气配线进行详细分类（图4-40），在强弱电两大系统的基础上，对电气设备种类进行细分，如照明系统可分为高亮照明、一般照明、背景照明、指示照明灯。同时，进行独立管理和布线，并与电气的来源种类协调互动，进行切实可行的智能电气化管理。

（3）环保节能

充分挖掘和利用天然可持续能源，如太阳能、水能、风能（图4-41）、地热能等，减少对煤炭、石油、天然气等能源的依赖。同时，加强LED灯等节点设备的研究和开发，避免不合理的电能浪费。

4.4 舒适的建筑物理环境

1）安全、安心、舒适、节能、环保的建筑物理环境

对住宅性能进行表示和登记，便于整体把控和管理住宅建筑的各项物理性能，创造最佳的建筑物理环境（表4-3）。

提出住宅性能评价基准，对既有住宅及新建住宅进行性能评价，使其各项功能达到规

图4-40 电气配线详细分类

图4-41 采用风能发电的居住区（日本东京深泽环境共生住宅）

范要求，保证住宅的品质。

住宅的物理性能评价主要包括以下几方面：

① 光环境：日照、采光、照明等。

② 热环境：防寒、防暑、保温、隔热、室内温度与湿度、冷暖空调等。

③ 声环境：隔声、防噪声、密封性等。

④ 空气环境：抵御化学气息、空气洁净度等。

此外，住宅环境性能评价还包括结构的安定环境、内装及设备的维护环境以及安全防范环境、适老环境等，如防灾系统、监控系统、报警系统、无障碍环境等。

舒适的住宅环境需要一套科学、高效的维护管理系统，定期进行日常的设备清扫、点检、维修、更新等。

日本住宅性能表示及评价基准　　　　　　　　　　　　　　表4-3

序号	项目	内容
1	结构的稳定性	主体结构能够抵抗地震、暴风雨、积雪等自然灾害的强度
2	防火安全	消防设计，包括消防设备的完善，防火材料的采用，避难疏散通道的畅通、便捷等
3	耐久性	结构、建筑以及设备、内装等部材的耐久年限
4	维护管理	给水排水、燃气、暖通等管道的清扫、维修、更换、更新等的便利性
5	热环境	空调、暖通是否节省能源，墙及开口部的保温、隔热性等
6	空气环境	室内甲醛含量以及换气性能等
7	光环境	不同朝向的窗户的开口大小、日照时间等
8	声环境	防噪声性能、隔声性能等
9	适老设计	无障碍设计、无高低差，把手、斜坡的设置，轮椅容易通过的门厅、走廊的宽度等
10	防范设计	外部开口部的防范性能、防止进入的电子锁、监控系统等

2）光环境

（1）人的眼睛可感知的光（可见光）为波长380～780nm之间的电磁波，普通光源通常包括太阳光和人工照明光，因此，日照、采光、照明是影响住宅光环境的三大重要因素。

（2）住宅应尽可能采用对日照、采光、照明影响较小的结构方式，如室内避免小梁的出现，可以用反梁代替顺梁等（图4-42）。

（3）住宅室内应确保能够安全作息、不刺激眼睛的照明程度，并能够随意调节，创造出美丽、温和、愉快的视觉空间氛围。

（4）人工照明应结合自然采光和遮阳装置，尽可能节约能源，可采用LED灯等节能、环保冷光源。

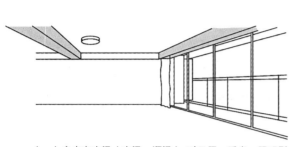 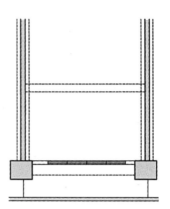

（a）户内有小梁（内梁、顺梁），对日照、采光、照明影响均较大

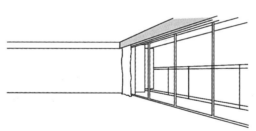 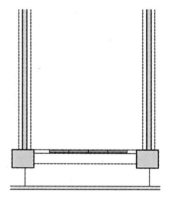

（b）户内无小梁（内梁、顺梁），对日照、采光影响较大，对照明无影响

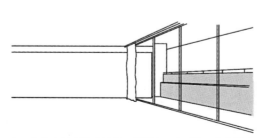 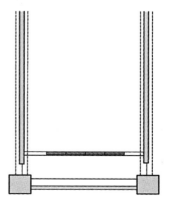

（c）户内无小梁（外梁、反梁），对日照、采光影响较小，对照明无影响

图4-42 不同梁的客厅空间透视与平面图

3）热环境

（1）人的皮肤对冷暖的感知可反映出所处环境中的温度和湿度。

（2）住宅室内需要确保冬暖夏凉，因此对温度和湿度要有一定的控制。首先要保证建筑外墙具有保温、散热、隔热、防止结露等功能，同时还需要供热和制冷设备的调节。

（3）住宅的热环境调节以节省能源为基本原则，针对不同地区、不同日照、不同城市发展状况等，应区别对待。

（4）外墙保温技术：住宅保温层设置在结构层的外侧还是内侧，一直是一个比较有争议的话题，因为它与住宅本身所处的地理位置、结构材料、供暖方式以及资产权属等问题均相关。一般来说，从节约能源、施工便捷及维护管理方便的角度来看，尤其在南方地区，住宅一般采用分户的独立空调系统，为了快速调节室内温度，宜采用内保温技术（图4-43a）；而在寒冷的北方，通常采用集中供热，为了有效消除内外墙交界处、外墙圈梁、构造柱、框架梁柱、门窗洞口、女儿墙等部位的"冷桥"现象，并保护主体结构，延长建筑寿命，建议采用外保温技术（图4-43b）。此外，还存在一种称为夹心保温技术，保温层位于墙体中间，可与墙体整体预制，保温材料耐久性较好，但需采用绝热型连接件，造价较高（图4-43c）。

4）声环境

（1）在集合住宅中，左邻右舍之间、楼上与楼下之间的隔声非常重要，否则会对人的听觉产生不良影响，造成各种纠纷，且不利于隐私保护。因此，分户墙、楼板等应具有良好的隔声效果（图4-44）。

（2）住宅室内外之间同样需要防止外部噪声侵入和内部声音外泄等，外墙及门、窗等开口部也应具有良好的隔声和封闭效果。

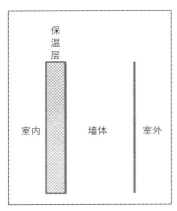
（a）内保温

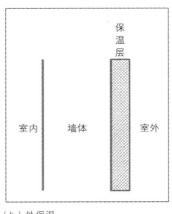
（b）外保温

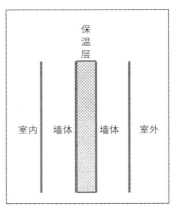
（c）夹心保温

图4-43 外墙保温技术概念图

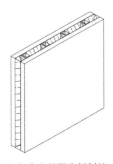 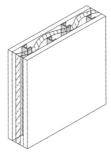 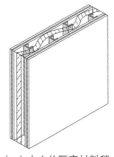 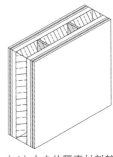

（a）中央的隔声材料较薄，其中含钢材间柱，外侧为石膏板，隔声性最差　　（b）中央的隔声材料稍厚，其中交叉轻量钢材间柱，外侧为石膏板，隔声性较差　　（c）中央的隔声材料稍厚，其中交叉轻量钢材间柱，外侧为含铅石膏板，隔声性较好　　（d）中央的隔声材料较厚，其外侧为含纤维石膏成型板，最外侧为含铅石膏板，隔声性最好

图4-44　不同隔声效果的双层墙板

（3）同时，住宅的给水排水、电梯设备等被利用时以及门、窗开合时，电器使用时，也会产生噪声，应采取相应的降噪措施，如采用静音排水系统、吸声墙纸、防噪声门窗、静音电器等。

5）空气环境

（1）住宅的室内空气含有尘埃、微生物、水蒸气以及建材和日常生活中产生的甲苯、甲醛、一氧化碳、二氧化碳等多种化学物质。这些物质中有的会对人体的嗅觉产生刺激，有的会对人体健康产生有害影响。因此，除了要选择健康的装修材料之外，住宅还需要保持良好的通风、换气、排烟。

（2）提倡采用24小时通风换气系统（图4-45），并针对地形、气候等条件，选用自然进气+机械排气的通风换气设备，或者附带热交换器（图4-46）的机械进气+机械排气的通风换气设备，既节省能源消耗，又减少环境污染。

6）安全防范环境

（1）安全性是住宅的重要性能之一，包括防灾害、防事故及防犯罪三方面，其中防止犯罪、确保安全越来越成为一个社会性课题。

（2）住宅的安全防范环境成为了一个重要的住宅性能评价对象，应遵循确保监视性、强化领域性、限制外来者入侵、提高设备安全使用性等原则。

（3）安全安心的住宅不但与用地及周边安全状况、地区安全措施有关，更要从建筑及设备要素入手，进行安全防范设计，如安全开关、火灾报警器、燃气报警器、自动喷洒装置以及电子监控设备和报警系统、门卡和密码锁、防盗门窗等（图4-47）。

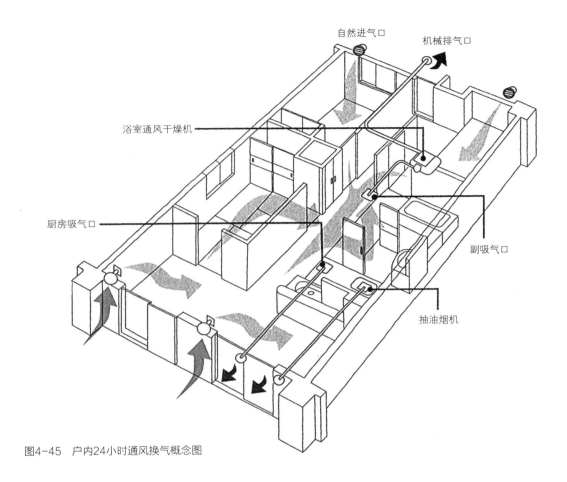

图4-45　户内24小时通风换气概念图

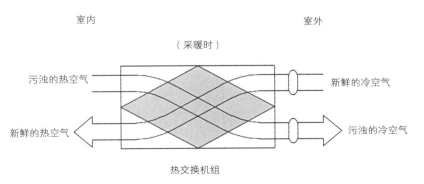

图4-46　热交换器工作原理

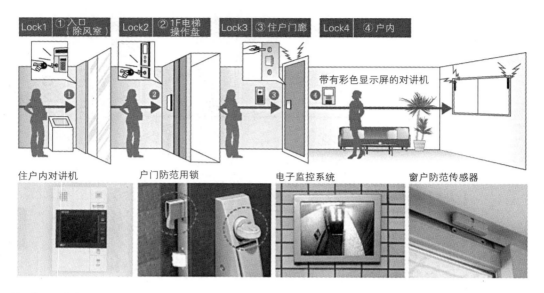

图4-47 住宅4xLock安全防范系统

SI住宅的现场施工

5.1 基本流程

1）概要介绍

在进行项目施工前，一定要先进行科学的施工组织，规划和指导从投标、签订承包合同、施工准备到各项施工、竣工验收的全过程。

（1）施工组织：根据工程的具体施工项目，进行全面的调查了解，搜集有关资料，掌握工程性质和施工要求，从人力、资金、机具、施工方法及现场施工环境等因素出发，进行科学合理的安排，在一定的时间和空间内实现有组织、有计划、有秩序、快速、低耗、高质的施工。

（2）施工准备：施工程序中的一个重要阶段，包括调查研究、收集资料、技术资料准备、资源准备、施工现场准备、季节施工准备等，力图降低施工风险，提高综合效益。

SI住宅的现场施工主要包括场地整理、基础及主体结构现浇、部品安装、室外环境整备等几大部分（图5-1），应设立相应的施工责任制度和检查制度，及时发现问题、解决问题、改进工作。

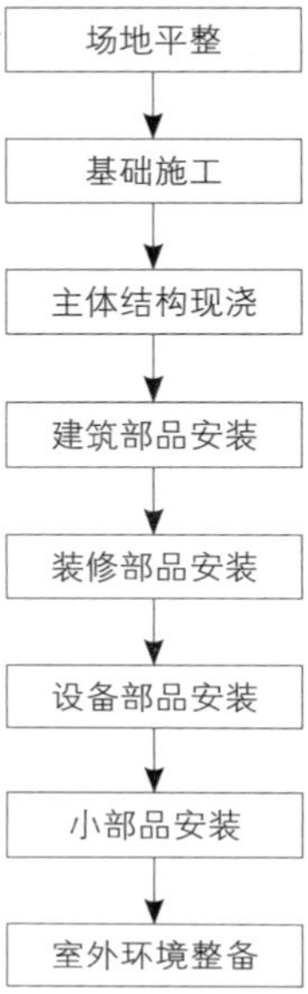

2）场地平整

场地平整是将天然地面改造成工程上所要求的设计平面，应使场地的自然标高达到设计要求，并建立必要的供水、排水、供电、道路及临时建筑等基础设施。

主要施工流程包括：现场勘察、清除地面障碍物（图5-2）、标定整平范围、设置水准基点、设置方格网、测量标高、计算土方挖填运工程量、平整土方（图5-3）、场地碾压、验收。

需要考虑总体规划、土质条件、生产施工工艺、交通运输及场地排水等要求，选择适当的施工机械，并尽量使土方的挖、填平衡，减少运土量和重复挖运。

填方采用水平分层填筑、分层碾压的方法，每填筑一层，进行摊铺整平、碾压夯实、检查验收等。

3）基础施工

应根据场地的地理条件、地基的地质状况及建筑物的结构形式等，选择适宜的基础类

场地平整

↓

基础施工

↓

主体结构现浇

↓

建筑部品安装

↓

装修部品安装

↓

设备部品安装

↓

小部品安装

↓

室外环境整备

图5-1 SI住宅现场施工基本流程图

图5-2 清理场地

图5-3 平整土方

图5-4 垫层施工

图5-5 绑扎钢筋

型，并决定是否需要桩工程作业。

高层SI住宅常采用箱形或混合立体基础，主要施工流程包括：定位放线、基坑开挖、地基处理、基础验槽、降水和支护处理、垫层和底板浇筑（图5-4）、钢筋工程（图5-5）、模板工程、混凝土工程、拆模养护、验收、回填夯实。

建筑物的地基计算应满足承载力计算的有关规定，基坑工程应进行稳定计算。

4）主体结构现浇

主体结构全部采用泵送高强度商品混凝土现浇（图5-6），需要各种现场模具配合（图5-7）。

主要施工流程包括：测量放线、安装模板、钢筋绑扎、预埋件、模板冲水清洁、混凝土浇筑、振捣、混凝土二次振捣、混凝土表面压浆收头、混凝土养护、保温、混凝土温差监测、模板拆除。

图5-6　现浇混凝土楼板　　　　　　　　　图5-7　现场模具

为保证混凝土工程质量，必须严格按照执行操作要求进行施工。

5）建筑部品安装

住宅建筑的主体结构现浇完成后，将进行各种建筑部品的安装。安装顺序遵循先内侧隔墙、后外侧围护，先墙体、后门窗，先公共空间、后各户内空间的三大基本原则。

各部品通过预埋金属构件与主体结构相连接，部分部品需要通过小结构处理（局部湿作业）来加强稳定性。

主要流程如下：

（1）公共空间隔墙安装（5-8）。

（2）分户墙安装。

图5-8　公共空间隔墙安装　　　　　　图5-9　外墙安装

（3）外墙安装（5-9）。

（4）阳台板安装。

（5）围护门、窗安装（5-10）。

6）装修部品安装

（1）外装修工程

主要包括外围护结构的防水、隔热、保温以及最外层的涂装或表面装饰等施工，此外，还包括日照、遮阳调整部品、主体绿化、太阳能板等其他外装修部品的安装。目前，外墙保温装饰一体板逐渐成为主流，具有工厂自动化预制、产品质量高、性能稳定、减少现场作业工序等优势（图5-11）。外装修工程基本上为干作业，各个部品在工厂生产完成后，在现场组装施工。

（2）内装修工程

主要包括户内基础施工、户内隔墙安装（图5-12）、双层地板安装、双层顶棚安装、双层墙板安装（图5-13）、户门安装、户内门窗安装及固定收纳安装等内容。内装修原则主要为先地面和顶棚、后墙体，优先管线安装，减少工程内容交叉，明确各工程工序等。

7）设备部品安装

（1）公共设备

SI住宅非常重视公共设备的建设，其主要工作原理在于将所有的立管都集中布置在公共空间的管井内，统一管理，保证整个住宅楼的各项功能正常运转。

公共设备的施工主要包括给水排水管井、电气管井、暖通管井、电梯井等的分隔（图5-14）及相关管线、设备的铺设、安装等，如公共给水系统、排水系统、中水系

图5-10　围护窗安装

图5-11　外墙保温装饰一体板的安装

图5-12　户内隔墙安装

图5-13　双层墙板安装

图5-14　给水排水管井的铺设

图5-15　厨房通风排烟设备的安装

统、雨水系统的管道安装，公共电气系统的线路铺设及插座、照明器具的安装，集中供暖系统的管道安装以及电梯设备的安装等。有的设备可以合用管井。

（2）户内设备

户内设备原则上独立设置，自行完成内部的设备检测和简单的维修。设备本身隐藏在架空地板或吊顶等空间内，设置若干个相应的检修口，方便维护。

户内设备施工主要包括分户计量表箱的安装，户内给水管、排水管、中水管的安装，阳台雨水系统的安装，户内电路、开关、插座、照明器具的铺设及安装，分户热水器、24小时通风换气设备、冷暖空调设备、地暖设备的安装，厨房设备（图5-15）、卫浴设备的安装等。

8）小部品安装

小部品是其他部品的辅助部分，不能独立使用或安装，需要通过标准化、模式化的连接件安装到其他部品上。由于小部品是日常生活中最常使用和接触的部分，人性化设计以及采用适宜的建筑材料是保障居民舒适生活的关键。

图5-16 门把手

图5-17 卫生间水龙头

图5-18 厨房沥水篮

图5-19 窗帘滑道

　　小部品主要包括把手（图5-16）、门栓、铰链、猫眼、门阻、插销、开启固定栓、窗帘滑道、水龙头（图5-17）、沥水篮（图5-18）、厕纸盒、浴室淋雨喷头、防滑扶手、滑道（图5-19）等。

　　9）室外环境整备

　　（1）把握建设规划对环境的影响，努力确保周边良好的居住和生活环境不被破坏。

　　（2）结合当地的街区规划，进行交通（图5-20）、绿化、景观、公共开放空间（图5-21）等的规划设计，合理布置商业、服务、健身、停车场等社区配套设施，打造舒适、环保的社区环境。

　　（3）对应老龄化社会需求，对室外环境进行相应的适老设计，形成老年人、残疾人也能方便利用的室外公共空间。

　　（4）住宅建筑的屋顶、外立面及广告牌等的造型、颜色与周边环境一体化设计，形成和谐的由住宅构成的城市。

　　（5）为了起到安全防范作用，在小区入口、小区内部公共空间、住宅楼入口等处合理

图5-20　人车分离的交通环境

图5-21　舒适的公共交流空间

设置照明系统及监控系统，形成安全、安心的住宅区。

（6）重视室外环境的绿化，在保护既有树木的基础上，规划不同层次的绿化等级，并适当进行屋顶绿化、墙面绿化等，尽力使住宅室外环境回归自然。

（7）采用高科技手段进行低碳生态小区环境的创造，如利用太阳能、风能等天然资源，减少环境污染；对垃圾和废水进行生态处理，回收再利用，节约资源；利用绿化带减少从道路传来的噪声、尾气污染等。

（8）采用静音、防振动等技术，使空调、水泵、电梯、机械停车场等设备在工作时产生的噪声、振动达到最小，避免对周边环境造成不良影响。

5.2 部品整合

1）部品体系

（1）定义

所有工厂预制生产的构件、部件等住宅部品构成了住宅的部品体系，包括建筑部品、装修部品（图5-22）、设备部品以及其他小部品。

（2）目标

实现部品体系的集成化，多个小部品可以集成为单个大部品，大部品也可以通过小部品的不同排列组合进行自由变换。

（3）标准

部品体系必须以提高居住生活水准和保障消费者利益为原则，保证所有部品具有优良的品质、性能以及售后服务，并达到以下标准：

①具有规格、尺寸的标准化、模数化。

②能够提供优越的功能性和装饰性。

③能够确保使用上的安全性。

④具有施工、维护的便利性。

⑤具有充实的供给、优良的品质以及完善的管理服务。

（4）部品总表

为了方便大家把握SI住宅的部品内容，按照具体的位置和内容，将其整理成以下汇总表（表5-1）。

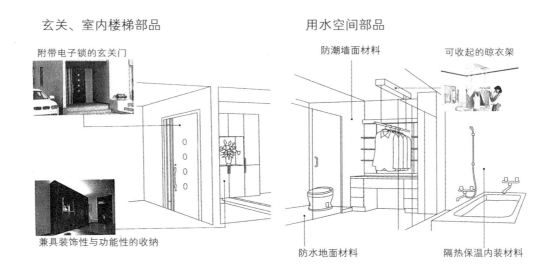

玄关、室内楼梯部品

用水空间部品

附带电子锁的玄关门

防潮墙面材料

可收起的晾衣架

兼具装饰性与功能性的收纳

防水地面材料

隔热保温内装材料

卧室部品

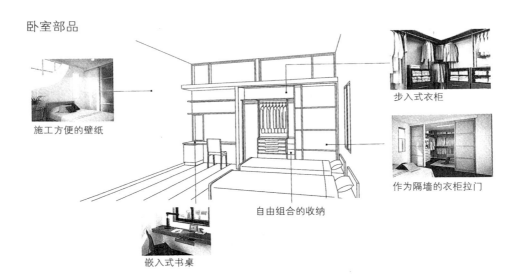

施工方便的壁纸

步入式衣柜

作为隔墙的衣柜拉门

自由组合的收纳

嵌入式书桌

图5-22　内装部品示意图

住宅部品汇总表 表5-1

类别	部位		内容
建筑部品	外墙		砌块墙体、钢筋混凝土墙板等
	屋面		女儿墙、栏板、金属板等
	楼梯		踏步、休息平台、护栏等
	隔墙		分户墙、公共空间隔墙等
	开口部		门、窗、阳台等
	连接件		预制金属件等
装修部品	外装	外墙	防水材料、隔热保温材料、表面涂装材料、面砖、日照调整部品等
		屋面	防水材料、隔热保温材料、表面涂装材料等
		开口部	预制门、窗、阳台栏板等
	内装	地面	地板材、双层地板龙骨、支撑件、表面材料等
		墙体	户内隔墙、双层墙板龙骨、连接件、表面材料等
		顶棚	吊顶材、双层顶棚龙骨、连接件、表面材料等
		户内开口部	入户门、户内门、窗等
设备部品	公共设备	电梯井	普通客梯、担架梯、货梯等
		给水排水系统	给水管、水泵、减压阀、给热水设备、排污水管、排废水管、中水管、雨水沟、雨水管等
		暖通系统	通风管、换气扇、地暖设备、热交换器、热水器等以及太阳热利用系统、太阳能发电系统、家庭用燃气热电系统等
		电气系统	电线、变电器、照明器具、灯具、电力冷热空调设备、电力热水器等
		安全防范系统	消防设备、防水灾设备、防燃气泄漏设备、监控设备、防盗设备、报警设备等
	户内设备	厨房	整体厨房、抽油烟机、水槽、作业台、储藏柜、烤箱、洗碗机、燃气灶
		盥洗室	洗面台、三面收纳梳妆镜、洗手盆、洗衣机位等
		卫生间	整体卫生间、坐便器、厕纸盒、洗手盆等
		浴室	整体浴室、浴槽、地漏、淋浴器、隔栅、毛巾架等
小部品	门		门把手、门栓、门铰链、猫眼、门阻等
	窗		窗插销、开启固定栓、纱窗等
	固定收纳		把手、滑道、螺栓等
	居住空间		开关、插座、固定器等
	用水空间		过滤器、沥水篮、水龙头、水栓、淋浴喷头、防滑把手、厕纸盒、接头、螺栓等

2）建筑部品

建筑部品是指涉及住宅公共空间或外部围护结构（图5-23）的部品，通过预埋金属件与结构主体相连接、固定，一般采用干式工法施工。部分重要的部品，如楼梯、分户墙等，需要少量湿作业，确保部品与主体结构的安全连接。

在设计上需要配线或配管通过的建筑部品，在工厂预制时要预留好管线洞口，并提前计算洞口与管线的空隙，明确填充材料和方法。

建筑部品既要与住宅结构主体相连接，也要保证与其他部品的正确连接。由于建筑部品大都在工厂预制，虽然有标准化规格，但其尺寸必然存在一定的微小误差，因此，在住宅建设和施工时，一定要充分考虑到部品间的连接方式以及后处理手段，保证良好的住宅品质。

建筑部品安装完成后，往往需要在其表面或局部安装装修部品、设备部品或小部品等，要预先考虑到不同部位的不同施工方法和工序，保证建筑部品与其他部品的顺利连接。

建筑部品主要包括分户墙、公共空间隔墙、小基础以及开口部的门、窗（图5-24）、阳台（图5-25）等。

图5-23　外廊栏板部品

图5-24　落地窗部品安装

图5-25　阳台栏板部品安装

图5-26　屋面的装修湿作业

3）装修部品

装修部品分为外装和内装两大类。外装部品是指与建筑部品相关联的部品，主要应用在住宅的公共空间及外立面形象效果上，对建筑部品起着辅助和完善作用。内装部品主要应用在各住户内部空间，即常说的家庭装修部分。

装修部品一般采用干式工法施工，注重部品与部品间准确、合理地连接，局部需要湿作业（图5-26）。相对建筑部品而言，装修部品可供选择的种类、规格、尺寸十分丰富。

装修部品的安装必须充分考虑多个工种的相互配合问题。首先要制定详细的工程进度安排，保证木工、泥瓦工、石工、金属工、电工、水管工、空调工等众多工种可以在有限的时间内高效完成组合施工任务。同时，要与监理部门配合，确保在工程期间各部品的优良品质和顺利安装。

装修部品直接反映了住宅的最终结果，装修部品的品质在很大程度上决定了住宅楼以及居民生活的品质。因此，要充分满足居民的人性化和个性化需求，让人们可以安全、安心地利用。

外装修部品主要包括建筑表材、防水材料、隔热保温材料、屋面及公共外廊的地面材料、遮阳调整部品等（图5-27）。

内装修部品主要包括入户门（图5-28）、户内基础、户内隔墙、户内门窗、地板部品（支架、螺栓、地板材、检修口、地面收边条）、墙板部品（螺栓、龙骨架、墙板材、检修口、树脂护角条）、顶棚部品（龙骨架、天花板材、检修口、树脂收边条）、固定收纳（图5-29）等。

图5-27　外墙及开口部的装修

图5-28　入户门的安装

图5-29　固定收纳的安装

4）设备部品

在SI住宅中，设备部品主要分为公共设备和户内设备两大部分。

公共设备指设置在公共空间的设备，负责整个住宅楼各功能的正常运行。不入户即可进行检修、维护，部分可以设置在室外，与居住区的其他管网连接，还包括与城市市政管线的对接部分。

户内设备设置在各个住户室内，负责每户的建筑物理环境调节。通常由每户独立管理、维护，有时需要专业人员上门进行维修、更换等。户内设备在竖向上不与其他住户发生联系，设备管线通过架空地板或吊顶或双层墙板内的空间，与公共管井内的竖向管线（图5-30）相连。

设备部品中的管线部分通常不裸露在外，而是隐藏在公共管井内、地板下、吊顶上（图5-31），或者双层墙板间。整体上，设备部品与结构主体分离，保证了设备维修的独立性和便利性。

设备部品主要包括以下部分：

（1）公共设备：电梯（普通电梯、担架电梯、货梯），公共管井（给水排水井、强弱电井、暖通井、加压送风井等），给水排水设备（给水排水管、水泵、减压阀、给热水设

图5-30 公共管井内的各种竖向管线

图5-31 隐藏在吊顶内的各种横向管线

图5-32 公共走廊顶棚的电线

图5-33 燃气灶

备、中水管、雨水管等），电气设备［电线（图5-32）、变电器、照明器具、灯具等］，暖通设备（暖气管、换气扇、排气管、太阳能集热板等），安全防范设备（消火栓、监控器、报警设备等）。

（2）户内设备：厨房设备［整体厨房、抽油烟机、水槽、作业台、储藏柜、烤箱、洗碗机、燃气灶（图5-33）等］，卫浴设备［整体卫浴、洗面台、梳妆镜、洗衣机托盘（图5-34）、坐便器、洗手盆、浴槽、干燥器、淋浴器、毛巾架等］，给水排水设备（给水管、热水管、排水管、中水管等），电气设备（配点箱、电线、照明器具、灯具、电力冷热空调设备等），暖通（热交换器、通风管、换气扇、热水器、地暖、燃气热水器等）。

5）小部品

小部品是指相对功能单一，尺寸较小的可预制部品，通常不能单独使用，需与其他部品连接固定后一同使用（图5-35）。

小部品种类的丰富程度和精细程度是衡量住宅产业化的一个重要标志，也是高品质住宅的象征。

小部品是人们直接接触并利用的部分，必须充分考虑不同使用人群的不同需求。如老人用的小部品要外部造型简洁，使用方法简单、明了，并易于辨认和理解，不能过于复杂，也不能将过多的功能集中在相对较小的操作空间内（图5-36）。同时，要重视使用上的安全和方便，确保儿童、残障人士等也可共同利用。

小部品的使用寿命相对较短，要灵活设计安装方式和维修方法，可以确保定期更新、更换的顺利进行（图5-37）。

小部品主要包括：

（1）门：门把手、门栓、门锁、门铰链、猫眼、门阻（图5-38）、拉门滑道等。

图5-34　洗衣机托盘

图5-35　盥洗室的地漏盖

图5-36 带夜视灯的热水器开关

图5-37 利用简便的收纳弹簧装置

图5-38 门阻部品

图5-39 居住空间的插座部品

（2）窗：窗插销、开启固定栓等。

（3）固定收纳：把手、滑道、固定格、搁板、弹簧等。

（4）居住空间：开关、插座（图5-39）、滑道等。

（5）用水空间：过滤器、沥水篮、水龙头、厕纸架、淋雨喷头、防滑把手等。

6）部品产业

住宅的部品化以及预制装配式住宅的出现，吸引了包括部品生产、部品流通、部品运输、部品施工、部品维护以及部品保险等在内的多领域企业参与到住宅行业中，因而促进了住宅部品的产业化发展（图5-40）。

住宅的部品化作为住宅生产工业化的重要一环，从小部品到设备部品、装修部品，再到整体部品、大型建筑部品，不但可以提高生产效率和住宅质量，更重要的是能够满足对住宅性能、空间多样性以及住宅产业可持续发展的需求。

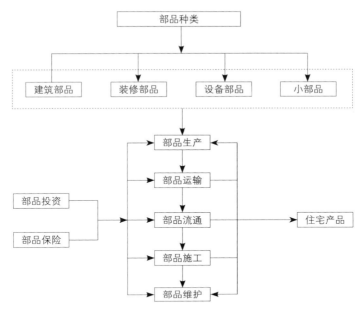

图5-40 住宅部品产业链示意图

5.3 建设管理

1）主要内容和相关方

建设管理（Construction Management）指受项目业主委托，从中立者角度出发的建设管理者CMR（Construction Manager）在工程建设中的设计、发包、施工等各阶段，对工程设计、工程发包方式、工程施工、工程品质、工程成本等进行全面调整和管理，并提供咨询服务，使其向着所期望的目的顺利运行的管理行为，简称CM模式。

CM最早诞生于20世纪60年代的美国，是为了防止工期延迟、预算超出等而专门设立CMR对工程进行管理，是一种与业主、设计者、施工者一体的全面运营管理模式，后来在欧美、日本等发达国家得到发展、普及。随着职能分化及职能分散的不断发展，除了要求各职能的调整外，也要求建设工程整体的统合管理，并且社会越来越希望规范化以及信息透明化，因此CMR开始从"设计者"及"施工者"等具有利害关系的单位中分离出来，成为第三者的专门职能单位。CM模式强化了业主对建设工程的控制，并在缩短建设周期、降低工程成本、提高工程品质等方面具有明显的成效。

我国的工程建设领域虽然早就有了明确的"施工管理"或者"工程管理"，但明显已经不能适应今天的快速发展需求，相比之下，CM的内涵要丰富得多。我国也进行过一些CM模式的尝试，但仍处于探索阶段，急需引进发达国家的先进经验，形成适合我国的完整体系制度。

CM内容一般包括"设计协调"、"进度管理"、"成本控制"、"分包与采购"、"施工管理"、"品质管理"、"安全管理"、"信息管理"以及"风险管理"等业务（表5-2）。在进行SI住宅建设时，采用CM模式可以保证施工与设计的协调，并保证施工按照计划好的进度、预算、品质进行，提高效率、降低成本、确保质量。

CM的主要业务内容　　　　　　　　　　　　　　表5-2

阶段	业务内容
设计阶段	对设计者的评价、选定；专门技术咨询；设计协调；设计价值工程（Value Engineering）的提案等
发包阶段	发包方式的提案；对施工者的招标、选定；工程概算的分析、建议；合同文本的建议、确立；成本分析、调整及管理等
施工阶段	施工者之间的协调；工程计划的确立；工程管理；施工图审查；施工品质管理的审查；成本管理；向发包者提供工程经过报告；文书管理等

2）与项目管理的关系

项目管理（Project Management）指站在项目业主的角度，为了整个项目的成功完成而进行的管理行为，简称PM模式。PM也诞生于20世纪60年代的美国，是由美国国防部针对军事、宇宙研究而开发的管理系统，后来广泛应用在建筑、工程以及IT、金融服务等其他行业。

PM期间从项目企划开始到项目完成为止，大致分为设计前阶段、设计阶段、施工阶段、竣工后阶段四个部分，内容包括"企划立案"、"风险测定"、"可利用资源概算"、"作业的系统化制定"、"必要的人员和物资保障"、"费用概算"、"作业小组的分工"、"日程表编制"、"进程管理"、"方向性把握"以及"结果分析"等。

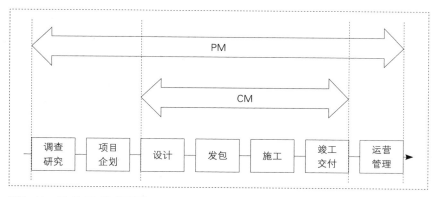

图5-41　CM与PM的关系图

在SI住宅建设中导入的CM模式虽然从设计阶段就开始介入，但主要着重于施工开始到竣工的阶段，所以可以理解为CM是整个PM的一个组成部分（图5-41）。有时为了更好地满足建设业主的要求，CMR需要从工程前期的企划阶段就开始介入，并一直跟踪到工程竣工后的维护阶段，这样的CM业务包含在PM业务中的方式也称为PM/CM模式。

3）工程整体施工进度表

整体工程施工进度表（以日本的一栋BF钢筋混凝土结构小高层住宅为例）

表5-3

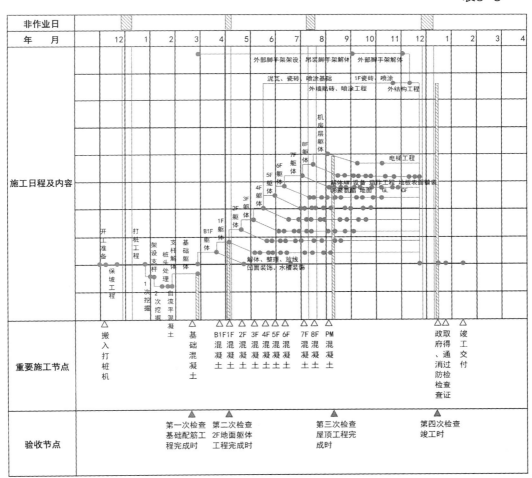

4）物资管理

物资管理涉及物资的采购、供应、运输、验收、保管、发放、使用等多个方面，

内装工程施工进度表（以日本的一栋8F钢筋混凝土结构小高层住宅为例） 表5-4

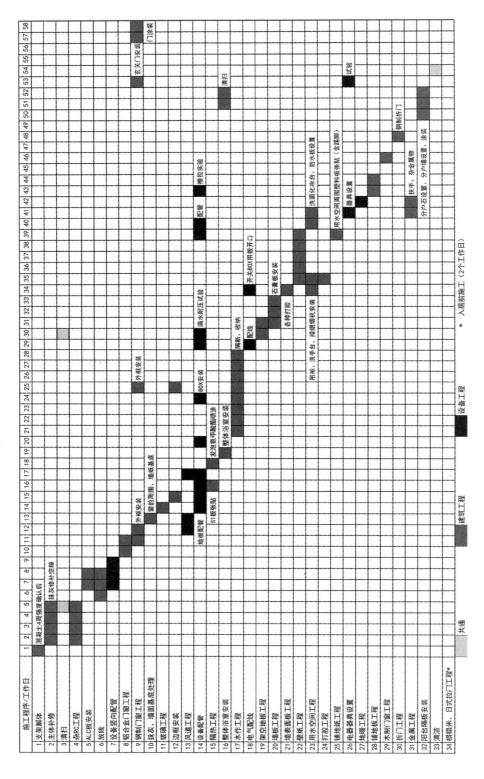

是确保工程质量与进度、提高经济效益的重要一环。为了规范采购行为，保证各项物资的质量和供应进度，并有效控制价格，降低工程成本，需要科学合理地进行物资调配。

（1）组织安排：本着"合理组织，精心选择，质量优良，满足施工，减少库存，杜绝浪费"的原则，有效组织材料、部品、设备等物资的购买、运输、保管、供应、使用等，统一管理，并考虑可能延误供应的各种不利因素，有计划、有步骤地进行安排（图5-42）。

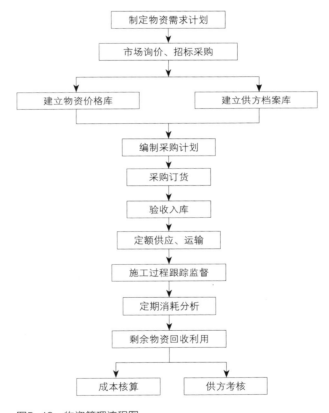

图5-42　物资管理流程图

（2）放置场所：以交通便利为原则，沿材料、部品、设备供应线设置供应基点、储备仓库等，以保证满足一定时期物资库存量为标准，特殊情况下可设置临时放置场所，确保满足施工进度要求。

（3）具体工作应遵循以下方针：

①制定详尽的月度、季度利用计划，对于需求量大、紧缺的物资需提前准备。

②加强与供应厂家的沟通，及时掌握生产情况，确保物资供应与施工进度同步。

③按照施工规模和进度设置物资储备场所，保证周转量不少于一个月，以保证基本施工进度要求。

④与运输单位保持长期合作模式，实施优势互补，统一调配，确保物资按时、保质、保量地运送到施工现场。

⑤制定高峰期和特殊情况下的应急供应预案，设立应急小组和应急物资供应站，必要时加大催运力度，并扩大库存。

⑥加强质量控制，严格把关，对所有施工用材料、设备等进行检验，坚决杜绝不合格物资的流入，并做好各种质量记录。

5）人员配备

在施工过程中，各部门管理人员及技术工人是保证工程质量与进度的关键，需要根据相关情况，周密计划，统一管理，力争做到既固定又灵活。

（1）根据项目需要，合理组织人员安排，由经验丰富的项目负责人领队，并配备具有高度责任心的工程管理人员组成施工管理班子，通过网络化、信息化管理，负责整体施工过程中各部门、各专项施工的协调、控制（图5-43）。

（2）按不同施工工种划分施工作业班组，明确各自责任，避免重复作业，节约用工，并注重施工作业教育和人员素质培养，做到安全生产、文明施工。

CMR代表业主的利益，在人员安排上起到综合管理、调节的作用，其主要工作内容包括以下几方面：

（1）协助业主、设计者、施工者等不同单位负责人之间的联络、衔接、交流等。

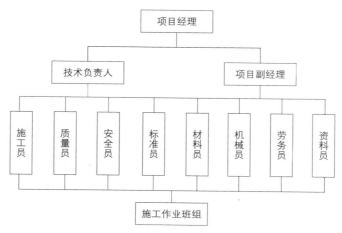

图5-43　人员组织结构图

（2）对不同承包单位的工程人员、不同工种的工程人员进行现场协调。

（3）补充业主方面技术人员的不足，辅助成本预算员，并对其进行培训。

（4）严格现场施工人员的资格审查，实行动态管理，确保施工队伍的素质和人员相对稳定。

（5）实行挂牌施工，责任明确，奖罚严明。

（6）为施工人员创造良好的生活、住宿、伙食等条件，保证工人的各项福利。

6）管理体制

（1）美国

美国的CM模式包括两种类型：

①代理型（Agency CM）

CMR作为业主的咨询代理人，与业主签订服务合同，规定服务费用是固定酬金+管理费。业主与各施工阶段分包商签订施工合同。

②风险型（At-Risk CM）

CMR同时也担任施工总承包商的角色，在与业主签订的合同中设定保证最大工程费用（GMP：Guaranteed Maximum Price），以降低业主的投资风险。如最终结算超出GMP，由CMR承担；如低于GMP，则节约的资金归业主所有，CMR会得到额外的奖金。CMR直接与各施工阶段的分包商签订施工合同。

在美国，大多采用风险型CM模式。

（2）日本

日本自20世纪70年代引入美国CM理念以来，经过几十年的努力，已经发展出了自己的CM模式下的施工发包形式：

①向综合工程单位总发包

没有分离发包，而是采用一揽子型总发包方式，总承包给具有技术实力的优秀的综合工程单位。

②设备施工分离发包、建筑施工总发包

这是许多公共建筑采用的施工方式，为部分分离发包方式。

③分离发包

没有综合工程总承包单位，不论设备施工还是建筑施工，各工种均采用分离发包方式。

在日本大多采用纯粹的CM模式，即代理型CM模式，不过，向综合施工单位一揽子型总发包方式实际上也是一种风险型CM模式，但在透明性的确保方面与美国有很大的不同。日本的一揽子型总发包方式中，综合工程总承包者拥有与专门施工者签订分包合同的自由裁定权,一般其内容不会告诉业主,也不受业主的限定;而美国的风险型CM模式中,当CMR与施工者、材料供应者签订合同时,必须事先征得业主的同意,确保业主拥有一定的裁决权,合同金额也必须公开透明。

（3）中国

目前我国普遍实行建设监理制度,是一种对建设工程的全过程、全方位监督管理,包括建设前期阶段、设计阶段、施工招标阶段、施工阶段、保修阶段的三控制（投资、进度、质量）、两管理（合同、信息）、一协调（组织协调）,但在实践中大多停留于施工阶段。

实际上,CM模式也可以被看作是一种工程监理方式,但CM更系统、更规范、更完善,涉及内容更多,服务范围更广。因此,引入CM模式进行建设监理,可以为我国的建设工程监理模式提供许多借鉴,并弥补现行制度中存在的不足,也有利于我国的建筑工程行业尽快与国际接轨。

今后的发展方向体现在以下几方面:

①确保CMR的能力和资质;

②明确有关各方的责任关系;

③提高CM过程的透明度。

7）工种管理要点

住宅建筑的施工涉及包括土木（土地平整、地基改良、道路整备、打桩、雨水排水等）、建筑（躯体、钢骨、防水、泥瓦、屋顶、金属门窗、遮阳篷、外结构等）、设备（电气、机械、暖通、给水排水等）、内装（内装基底、涂装、移动隔板、厨房设备、卫浴设备等）等在内的多领域、多工种（表5-5）,工种的管理尤为重要。

在施工现场,工种管理需要遵循以下几项原则:分工明确、职责清晰、衔接合理、品质保证。

住宅建筑施工的工种及其工作内容 表5-5

工种	工作内容
土木	在综合企划、指导、调整的基础上,进行土木工程的施工
建筑	在综合企划、指导、调整的基础上,进行建筑工程的施工
木工	通过木材的加工或安装进行建筑物的建造,或者在建筑物上安装木制设备的施工
泥瓦工	在建筑物上抹灰、贴瓷砖、抹石膏、粘贴纤维等工程的施工

续表

工种	工作内容
脚手架、土木	1）立脚手架、搬运机械器材、组装钢结构、解体建筑物等工程的施工
	2）打桩、拔桩以及现浇桩工程的施工
	3）削土、填土、压实等工程的施工
	4）采用混凝土构筑建筑物的施工
	5）其他基础性或准备性工程的施工
石工	通过石材（包括与石材类似的混凝土块及人造石）的加工或堆砌进行建筑物建造，或者在建筑物上安装石材的施工
屋顶	采用瓦片、石板、金属薄板等，进行屋顶工程的施工
电气	设置发电设备、变电设备、送配电设备、建设用地内电气设备等工程的施工
配管	设置冷暖房、空调、给水排水、卫生等设备，或者使用金属管输送水、油、燃气、水蒸气等设备的施工
瓷砖、砖块、砌块	采用砖块、混凝土块进行建筑物的建造，或者在建筑物上安装或粘贴砖块、混凝土块、瓷砖等工程的施工
钢结构物	通过型钢、钢板等钢材的加工或组装，建造建筑物的施工
钢筋	棒钢等钢材的加工、接合或者组装工程的施工
铺装	在道路等地面铺装沥青、混凝土、沙、砂粒、碎石等工程的施工
金属板	加工金属薄板等，安装在建筑物上，或者在建筑物上安装金属制附属物的施工
玻璃	加工玻璃，安装在建筑物上的施工
涂装	将涂料喷涂、涂抹或者粘贴在建筑物上的施工
防水	采用砂浆、天花板材等，进行防水工程的施工（指建筑领域的防水）
室内装修	采用木材、石膏板、吸声板、壁纸、地板瓷砖、地面覆盖物、隔断等，进行建筑物室内装修的施工
机械器具	通过机械器具的组装进行建筑物的建造，或者在建筑物上安装机械器具的施工（专指需要组装的机械器具的设置）
隔热保温	对建筑物或建筑物的设备进行隔热保温工程的施工
通信	设置有线和无线通信设备、广播机械设备、数据通信设备等的施工
造园	通过整地、植栽、设置景观石等，进行庭院、公园、绿地等构筑工程的施工
门窗	在建筑物上安装木制或金属制门窗等的施工

工种	工作内容
水道设施	构筑取水、净水、配水等用于上水道的设施，或者设置公共下水道、流域下水道的处理设备的施工
消防设施	设置或者安装火灾报警设备、灭火设备、避难设备以及消防活动必要的设备等的施工
卫生设施	设置屎尿处理设施或者垃圾处理设施的施工

5.4 验收

1）验收体系

在住宅建筑的建设过程中以及竣工后，需要对其工程质量、建筑性能等进行多次验收，达到结构安全、可靠，设备齐全、便利以及内装合理、舒适。只有通过后，才能投入市场被利用，因此应建立起一套合理、完善的验收体系。

（1）工程质量验收

为了确保住宅工程施工质量，需要按照国家现行规范和标准进行工程质量验收，包括对检验批、分项工程、分部工程、单位工程及其隐蔽工程进行抽样检验及验收，注重安全、节能、环保及使用功能等（图5-44）。

（2）住宅性能验收

为了促进住宅品质的确保、住户利益的保护以及关于住宅纷争的迅速解决，还必须对住宅进行专门的性能验收，尤其SI住宅通常为精装修住宅，验收也包括公共部分及各户内部的内装及设备，需要在制定相关法律的同时，确立住宅性能表示和评价制度，并以此作为验收标准。

（3）称职的验收人员

验收涉及勘察、设计、施工、监理、建设、部品生产、部品提供、部品安装等多个单位，有时还需要第三方给出专业意见，因此验收人员必须是经过培训、具备专门资格的专职人员，拥有过硬的业务能力，能够顺利完成验收工作，并能提供专业评估意见。

2）工程质量验收

通常，住宅工程质量验收划分为检验批验收、分项工程验收、分部工程验收和单位工程验收，需要基于检验批验收资料，通过逐级汇集和抽查等，进行质量的复核，保证最终工程质量（图5-45）。

（1）检验批验收：工程质量验收中全面深入工程各个部位和贯穿于施工全过程的最基

工程名称		结构类型		层数/建筑面积	
施工单位		技术负责人		开工日期	
项目负责人		项目技术负责人		完工日期	

序号	项目	验收记录	验收结论
1	分部工程验收	共 分部,经查 分部,符合设计及标准规定 分部	
2	质量控制资料核查	共 项,经核查符合规定 项,经核查不符合规定 项	
3	安全和使用功能核查及抽查结果	共核查 项,符合规定 项,共抽查 项,符合规定 项,经返工处理符合规定 项	
4	观感质量验收	共抽查 项,符合规定 项,不符合规定 项	
5	综合验收结论		

参加验收单位	建设单位	监理单位	施工单位	设计单位	勘察单位
	(公章) 项目负责人: 年 月 日	(公章) 总监理工程师: 年 月 日	(公章) 项目负责人: 年 月 日	(公章) 项目负责人: 年 月 日	(公章) 项目负责人: 年 月 日

图5-44 单位工程质量竣工验收记录表样本

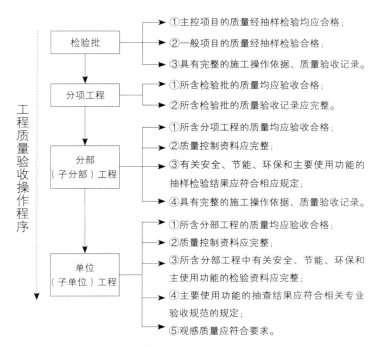

图5-45 工程施工质量验收体系图

础、最小单元的检验工作，可以根据施工、质量控制及专业验收的需要，按工程量、楼层、施工段、变形缝等进行划分。

（2）分项工程验收：以检验批为基础进行的验收，一般情况下与检验批验收具有相同或相近的性质，可以按照主要工种、材料、施工工艺、设备类别等进行划分。

（3）分部工程验收：以所含各分项为基础进行的验收，但并非各分项的简单组合，可以按专业性质、工程部位等进行划分，当分部工程较大或较复杂时，可按材料种类、施工特点、施工程序、专业系统及类别等将其划分为若干子分部工程。

（4）单位工程验收：也称质量竣工验收，是建筑工程投入使用前的最后一次验收，也是最重要的验收。具备独立施工条件，并能形成独立使用功能的建筑物或构筑物为一个单位工程，对于规模较大的单位工程，可将其能形成独立使用功能的部分划分为多个子单位工程。

3）住宅性能验收

住宅性能验收主要是检验设备的运行性能以及住宅整体的各项性能，包括工厂检验、施工现场检验以及竣工检验三个阶段，每个阶段的验收均需要提交报告。最终竣工检验前必须进行试验，证实其能满足指定要求的全部性能，并记录有效数据、结果。

目前我国还没有形成完善的住宅性能验收体系，但随着我国住宅性能认定制度的发展，应逐渐建立起相关规范标准及法律制度，将住宅性能评价与验收法律化、制度化，确保新建住宅及既有住宅的性能达标。

可以借鉴日本的先进经验，在建立和完善住宅性能表示制度的基础上，扩大性能认定范围，除了住宅的光、热、声、空气等物理性能以及防震、防火、防燃气泄漏等安全性能外，还应将防劣化、无障碍性、智能化以及维护管理等性能（表5-6）列入其中，进行相应的验收，并提出验收报告。

日本长期优良住宅认定基准概要   表5-6

性能	内容概要
劣化对策	经过数世代后，住宅的结构躯体仍然可以继续使用（至少100年）
抗震性	针对极少发生的大规模地震，能够降低损坏程度，方便改修，继续利用（通常高于建筑基准法标准）
维护管理、更新的便利性	对于耐用年数较短的内装、设备，具有方便维护管理（清扫、点检、补修、更新）的必要措施
可变性	应对居住者的生活方式变化，具有可以进行布局变更的措施
无障碍性	能够对应将来的无障碍设计改修需要，确保公共空间具有必要的空间幅度（如走廊的宽度、楼梯踏步的高度等）
省能源性	具有必要的隔热性能等，确保节省能源

性能	内容概要
居住环境	在景观良好的特定区域，考虑居住环境的维持及提高
住户面积	具有必要的规模，确保良好的居住水平（独立住宅55㎡、集合住宅40m² 为一人居的指导居住标准下限）
维护计划	从建设时开始到可预见的未来，制定有定期点检、补修等计划（至少每10年点检一次）

SI住宅的性能要点：

（1）保温隔热性：保证节省能源的保温、隔热性能。

（2）日照采光性能：保证充足的自然采光（图5-46），并具有一定的遮阳装置。

（3）隔声防振性能：采用静音和防振动技术，保证最大程度的隔声效果、防振性能。

（4）通风换气性能：保证室内24小时有新风通过，空气质量良好。

（5）方便维护：设置公共管井，保证公共设备的维护管理（清扫、点检、维修、更新等）不入户，同时在户内的地面、墙面、顶棚的适当位置设置设备检修口（图5-47），保证内装、设备的维护管理简单、便利，并且不破坏结构体和公共设备。

4）设计图纸审查

（1）设计是施工的基础，为了保证住宅工程施工的质量，施工前必须对设计图纸及文件进行审查，包括方案设计、扩初设计和施工图设计等不同阶段的设计审查（表5-7）以

图5-46 充足的日照采光

图5-47 墙上的设备点检口

及基础设计、结构设计、建筑设计、设备设计等不同专项的设计审查。这是项目建设过程中的关键环节，也是日后工程质量验收的主要依据之一。

施工图设计审查机构、主要审查内容及所需资料　　　　表5-7

项目	内容
审查机构	建设行政主管部门及其认定的审查机构
主要审查内容	（一）是否符合工程建设强制性标准； （二）地基基础和主体结构的安全性； （三）是否符合民用建筑节能强制性标准，对执行绿色建筑标准的项目，还应当审查是否符合绿色建筑标准； （四）勘察设计企业和注册执业人员以及相关人员是否按规定在施工图上加盖相应的图章和签字； （五）法律、法规、规章规定必须审查的其他内容
所需资料	（一）作为勘察、设计依据的政府有关部门的批准文件及附件； （二）全套施工图； （三）其他应当提交的材料

①通过设计审查，目的是检验工程项目的可行性，避免因设计失误给项目建设带来损失乃至造成隐患，消除影响项目建设进度、成本、安全、质量的不良因素。

②在施工阶段，施工单位应建立必要的施工管理及质量责任制度以及健全的生产控制和合格控制管理体系，其中就应包括是否满足施工图设计和功能要求的检验制度。

③在阶段性验收和竣工验收时，除了要检验项目工程是否符合国家工程建设标准及质量标准外，还需要核查工程施工的落实情况是否与当初的设计相符。

（2）SI住宅建筑设计要点：

①住户与住宅公共空间的分离：明确各住户的空间界线，减少住户与公共空间不必要的交叉连接，消除住户与住户间除分户墙、分户阳台隔板之外的横向连接，以及除楼板逃生口之外的竖向连接，强化各住户的空间、功能及使用上的独立性。

②大空间：确保室内没有小梁等障碍物的出现，能够形成通透的大空间，可以对应生活方式、家庭结构等各种变化，进行自由的空间变更。

③设备与墙体分离：确保室内可以进行双层地板、双层顶棚、双层墙板的内装，保证容纳专用设备管线的空间（图5-48）。

④适老设计：应对老龄化社会，确保地面无高差，并设置扶手、座椅等适老措施（图5-49）。

5）安全性检验（图5-50）

（1）安全性涉及结构安全、建筑部品安全、抗震安全、消防安全、用电安全、燃气安

图5-48　设备与墙体分离

图5-49　住宅室内适老设计

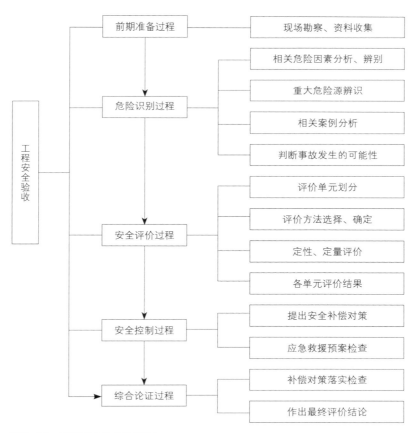

图5-50　工程安全验收流程图

全、防盗安全、老年人安全等多个方面，是住宅工程验收中的重要一环。

（2）检验内容主要包括主体结构的安全稳定性，安全设施、设备、装置的生产和使用情况，安全管理措施的到位情况，安全规章制度的健全情况，事故应急救援预案的建立情况等。

（3）需要审查确定建设项目是否符合安全生产的法律法规、标准规范等要求，从整体上确定建设项目的运行状况和安全管理情况，并作出安全验收评价结论。

（4）结构躯体的安全性尤为重要，应保证结构躯体达到以下标准：

①耐久性：在定期维护管理下，结构躯体经过数代时间仍能够继续使用。

②抗震性：在遭遇大规模地震时，确保结构躯体没有致命损伤，并能防止一般性损伤（表5-8）。

日本建筑的抗震性能表   表5-8

抗震性级别	建筑损坏状况				结构、构法
	中小地震（震度5）	中地震（震度6弱）	大地震（震度6强）	巨大地震（震度7）	
S级（特别建筑物）	无损坏（不需要修补）			轻微损坏（不需要补修）	避震结构
A级（大地震后仍能维持功能）			轻微捐款（不需要补修）	小损坏（修补后可使用）	减震结构
B级（大地震后仍能使用）		轻微损坏（不需要补修）	小—中破损（补修后可使用）	大破损（可再次使用）	高层建筑高抗震结构
C级（大地震时不倒塌）	轻微损坏（不需要补修）	小—中破损（补修后可使用）	大破损（再次使用困难）	倒塌（再次使用困难）	抗震结构

6）后期检修维护

住宅在通过了各项验收后，才能正式投入使用，但往往在后期的物业管理中会出现各种问题，因此后期的定期检修和维护管理显得尤为重要。

针对具有百年以上结构体的SI住宅，将公共部分和私有部分作了明确的划分，这为后期检修、管理的职责分配以及费用承担创造了有利条件。如对于户内私有部分，可以根据各功能空间的不同部品的使用寿命以及住户的个人喜好，对其进行检验、维修、更换等（表5-9）。

可后期检修的部分户内部品列表　　　　　　表5-9

功能空间	需检修的住宅部品
厨房	整体厨房本体
	抽油烟机
	洗碗及干燥机
	燃气炉灶
	电气炉灶
卫浴	整体浴室本体
	空调及干燥机
	洗面台
	坐便器
	换气扇
	洗衣机托盘
热水器空间	燃气热水器
	电热水器
	太阳能热水器
其他	辅助扶手
	室内楼梯及栏杆扶手
	入户门
	室内门、窗
	防坠落栏杆扶手
	固定收纳

　　住宅的维护管理制度应从建设时即开始，一直持续到建成后的有效使用期，便于追踪管理。应事先制定计划，在整个过程中保存记录，形成完整的住宅履历信息，为后期检修提供参照。

　　后期的检修、维护可分为短期、长期、超长期等不同阶段，从3个月、半年、1年、2年、5年，到10年、20年、30年、40年、50年、60年等，整体可称为百年住宅支持系统。

　　针对结构及设备等公共部分，应制定后期检修计划，在住宅交付使用后，按照计划对住宅进行强制性定期检验、维修，及时发现问题、解决问题，保证结构具有百年以上的耐久性，并定期更换耐久性较短的公共设备，使住宅具有可持续性（表5-10）。

　　针对内装及户内设备等私有部分，可以根据住户的意愿进行不定期检验、维修，既保障了住户对户内拥有的自由度，又可确保住宅性能不出问题。

我们建议住宅的开发单位成立自己的物业管理部门，承担住宅小区的物业管理工作，这样可以自始至终对本小区的住宅有全面的了解，后期管理服务也能与前期的建设形成良好的衔接。如果条件不允许，开发单位至少应该在物业管理单位派驻专门人员，作为顾问进行相关指导。

住宅结构及公共设备检修表　　　　　　　表5-10

项目	点检内容
基地	基地的地基下沉、基地内排水、挡土墙、峭壁等的维持状况
结构强度	基础、地基、柱、梁、楼板、外墙体、室外机器等的缺损、劣化、紧固状况以及公共隔墙、设施（独立广告牌等）的设置、劣化状况
防火结构及设备	外墙、屋顶、开口部、内装等的耐火、防火性能的确认以及防火分区、防火设备（防火门、防火卷帘）的设置、维护管理、点检等状况
避难设施	避难通道、空地、出入口、走廊、楼梯、避难阳台、避难器具、紧急出入口等的设置与维护管理状况以及排烟设备、紧急照明装置、紧急升降机的设置与维护管理状况
电梯设备	电梯的运行状况、安全性能以及机器部品的劣化、损耗、故障等状况
换气设备	换气扇及抽油烟机等是否有效工作，换气扇的风量测定、运转状态是否有异常等
排烟设备	机械排烟设备的防烟分区、排烟口的开关、手动开放装置、排烟机的运转状况以及是否确保规定的排烟风量、自然排烟设备的防烟分区、排烟窗、手动开放装置等状况
紧急照明装置	是否符合规定的照度、利用照度计测量照度、紧急电源的性能及外观等状况
给水设备	给水设备是否正常工作、水质是否卫生、利用测定器测量残留氯气浓度、给水设备机器、配管等的损伤、劣化等状况
净化处理装置	定期水质检查、净化槽的点检、清扫、消毒等
排水设备	排水设备是否正常工作，是否有漏水、堵塞等现象发生，排水设备机器、配管等的损伤、劣化等状况，废水管、污水管、雨水管的定期清扫
消防设备	消防设备的设置状况，灭火器、紧急电源、动力消防泵是否正常工作，灭火栓的放水及压力状况，消防设备的损伤、劣化等状况，火灾报警器的设置、合理的消防计划及定期避难训练等状况
电气设备	发电、变电、送电、配电及其他电气装置的运转状态、损伤、变形、变色等异常以及全面停电检查、清扫、绝缘抵抗测定、保护装置的运作试验、特性试验、是否符合技术标准、发电机的分解点检、绝缘油的劣化测定等

SI住宅的市场、维护及未来走向

6.1 市场

1）社会发展的需求

（1）建设节约型社会

温家宝在2005年6月30日的《全国做好建设节约型社会近期重点工作电视电话会议》上指出："加快建设节约型社会，事关现代化建设进程和国家安全，事关人民群众福祉和根本得益，事关中华民族生存和长远发展。"

所谓节约型社会，指在生产、流通、消费等领域，通过采取法律、经济、行政、技术等综合性措施，以最少的资源消耗获取最大的经济与社会效益，保障绿色、健康、循环、可持续的社会发展模式。节约型社会的目的是追求更少的资源消耗、更低的环境污染、更高的利用效率、更大的经济与社会效益，实现可持续发展。这些可以说正是SI住宅体系的优势所在，符合节约型社会的要求，也是今后大力发展SI住宅建设的原动力。

（2）发展循环经济

在党的十六届五中全会上，审议通过了《中共中央关于制定国民经济和社会发展第十一个五年规划的建议》，并指出："要促进经济发展模式的转换，把节约资源作为基本国策，发展循环经济，保护生态环境，加快建设资源节约型、环境友好型社会，促进经济发展与人口、资源、环境相协调，走可持续发展之路。"

走循环经济之路、推行循环经济模式，是解决我国资源环境突出问题、实现经济社会科学发展的有效途径（表6-1）。因为，循环经济本质上是一种生态经济，循环经济模式摒弃了传统的线性经济的大量消耗、大量生产、大量废弃、效率低下的粗放型发展模式，而转变为低开采、高利用、低排放、资源最优利用、循环利用的集约型经济发展模式，是一种与环境友好的经济发展模式。SI住宅以工业化、机械化的现代住宅生产方式代替半手工、半机械的传统生产方式，走的正是循环经济的发展模式，具有巨大的发展潜力。

循环经济社会的三个发展层次　　　　　　　　　　表6-1

层次	内容
小循环（企业层次）	实行清洁生产，减少产品与服务中的物质、能量的使用量，使污染物的产生达到最小化
中循环（地区层次）	将上游生产过程的副产物或者废弃物作为下游生产过程的原料，形成企业间代谢关系与共生关系的生态产业链，建设以此为基础的生态工业区（实现地区层次的零排放）
大循环（社会层次）	促进绿色消费，确立废弃物分类收集体系，通过第一、第二、第三产业间的循环，最终实现循环型社会目标

（3）节省资源

对于一个发展中国家，从长远发展的角度出发，应该追求经济效益和投资效益高的住宅建设目标；另一方面，从地球环境保护的观点出发，住宅建设应该以资源的有效利用以及低能耗为目标。因此，我们国家的住宅供给方式需要向储备型社会转变，具有耐久性和可变性的SI住宅可以满足长期循环利用，能够节约大量社会资源，应成为住宅建设的新发展方向（图6-1a）。

（4）提高效率

居住生活的变化以及住宅产品的商品化，使得人们开始追求住宅质的飞跃，要求在省资源、省能源、省人工的前提下，可以在短工期内完成品质优良的住宅建设。SI住宅在这方面具有绝对的优势。首先，模数化、标准化为住宅部品的制成奠定了坚实的技术基础；其次，预制装配式施工方法以及集成化技术改变了传统的粗放型生产方式，推动了住宅生产的工业化发展，大大缩短了工期；再次，一整套科学、有效的管理方法明显提高了住宅建设的工程质量和生产效率（图6-1b）。

2）居民的需求

（1）空间多样化

随着时代的进步和社会的发展，城市居民对住宅本身的需求除原本的起居、餐饮、洗浴、睡眠等基本功能之外，开始提出更高的空间要求，如书房、会客等功能以及同一功能的不同尺度、不同建筑形式等。这种对空间的多样化需求，必然体现在住宅设计上也要具

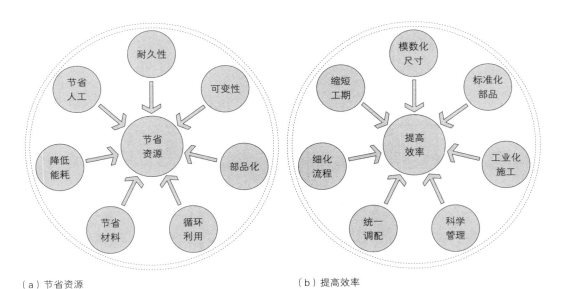

（a）节省资源　　　　　　　　　　　　　　　　（b）提高效率

图6-1　SI住宅在节省资源和提高效率方面的优势

备空间的多样化。

（2）功能空间可变

住宅是一家人日常起居、生活的隐私空间，人的一生除了特殊情况外，大部分时间是在住宅里度过的，因此，除了要求安全、稳固以外，对住宅的质量、性能、个性化以及可变性越来越重视。

SI住宅可以随着社会的发展、家庭结构以及生活方式的变化，自由变换空间布局和内装，使住宅成为人一生的生涯居住空间；即使在同一个住宅内，不同的时期有不同的家庭居住，也可以根据个人喜好，将其重新装修成适合自己居住的空间，满足不同人群的需求（图6-2）。

（3）使用、维护方便

住宅的内装、设备保证了住宅在被使用时拥有良好的性能，但因其使用寿命较短，在居住过程中需要定期维修、更换，因此，使用、维护方面的便利性显得尤为重要。

SI住宅正是适应人们对该方面的需求，结构体与内装、设备分离，在变更内装布局，或者维修、更换户内设备时，可以不破坏结构体（图6-3），且采用标准化、规格化部品（图6-4），预制装配方便，特别是一些小部品的更换，用户自己就可以做到，极大地提高了住宅在使用、维护上的便利性。

3）住宅产业发展的需求

住宅产业是以生产和经营住宅为最终产品的产业，包括住宅的规划、设计、施工，住宅部品的开发、生产，住宅材料和技术的开发以及住宅产品的经营、维护、管理和服务等多个行业，涉及投资、生产、流通、消费等诸多领域。其核心是采用工业化生产方式建造的住宅建筑（图6-5），与百姓生活和国民经济密切相关。

目前，中国的住宅建设正处于飞速发展阶段，只有重视质量与效率，以理性秩序发

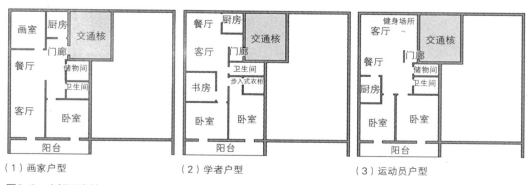

（1）画家户型　　　　　（2）学者户型　　　　　（3）运动员户型

图6-2　空间可变性

图6-3 内装变更便利

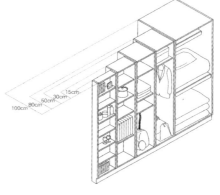

图6-4 标准化、规格化收纳部品

图6-5 日本东久留米住宅

图6-6 青岛魅力之城住宅

展，才能保证住宅产业的健康可持续发展（图6-6）。形成住宅产业化的特征体现在集成化资金及技术支持、工业化生产以及社会化供给三大方面，其中住宅工业化是推动住宅产业化的第一步，也是最核心的步骤。

住宅工业化是一种技术手段和生产方式，即以部品标准化、技术集成化、施工预制组装化、管理系统化为目标，进行住宅生产、建设的变革，改变传统的半手工半机械、劳动强度高、生产效率低的粗放式住宅建造方式（图6-7），从而节省能源、减少成本、降

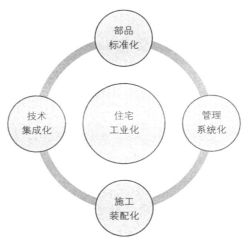

图6-7 住宅工业化概念示意图

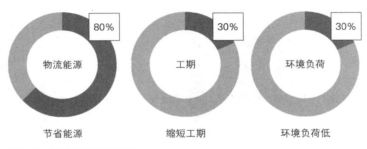

节省能源　　　　　　　缩短工期　　　　　　　环境负荷低

图6-8　工业化住宅的优势

低环境负荷、提高效率、缩短工期、提高质量、延长寿命等（图6-8）。

（1）部品标准化

住宅部品的标准化是促进住宅工业化的基础，以此可以形成部品的系列化、专业化、商品化、社会化，大幅集约化模数、设计、部品、材料等要素，明确最佳设计和施工等方法，降低资源消耗，削减总体建设成本。

（2）技术集成化

生产技术的集成化是保证住宅的工业化生产的基本要素，包括结构施工、设备施工、内装施工等，使生产过程中具备完整的内部联系，提高各部分的协调程度，最终达到高效的可持续生产，延长住宅寿命。

（3）施工装配化

预制装配式施工是采用工厂预制部品、现场组装的工业化生产方式。在成熟的部品产业链条件下，应尽可能提高住宅整体部品的预制和组装效率，避免或减少湿作业量，可以减少不必要的建筑垃圾产生，满足低碳、节能、环保以及高质量、高精度的要求。

（4）管理系统化

管理的系统化是实现可持续的住宅工业化生产的重要保证，通过一整套科学、完善的管理制度，在以人为本的前提下，利用制定好的规则来推行明确的责任分工，和谐的各部门协调，分明的奖惩、激励以及人员的培训、生涯规划等，以此完成最终战略愿景。

4）住宅开发企业的发展愿景

居民需求和住宅产业的发展变化，对当代的住宅开发企业提出了更高的要求。为了适应和超越这些时代需求，住宅开发企业必须从开发理念、定位、产品类型、建设工法、销售策略和方法等多个方面、全角度综合考虑，提高企业的品质，保证可持续的发展空间。在这里，针对住宅开发企业的发展方向特点，进行概括性的总结。

（1）低成本：通过建设过程的整体工业化水平的提升，促进住宅产品的部品化、标准化、系统化，降低住宅建设成本。

（2）短工期：建立完善的部品供应体系，通过大量的工厂预制、技术集成等手段，提高装配施工程度，缩短施工周期。

（3）高品质：通过各部品的模数化、标准化，提高施工精度，改进建筑材料性能，构筑高质量住宅（图6-9）。

（4）专业团队：住宅开发企业的工作重点应转向整体协调，把握整体进度，注重开发理念的打造和实现，具体的各项工作可以交付更专业的外部团队来完成。

（5）合理效益：住宅开发日益成熟，将住宅产品价值融入到整个社会价值体系内，使得住宅产业不再是一个暴利行业，而是通过健康的发展渠道获取合理的效益。

图6-9　拥有优良质量的住宅

图6-10 可长期利用的
住宅资源

（6）长寿命：将住宅视为长期使用的社会资源，更注重对住宅的检修和维护，确保住宅的长寿命周期，向居民提供可循环再利用、可持续生活的住宅产品（图6-10）。

（7）可变性：社会需求的变化以及生活品质的提升，都需要住宅可变性的保证。利用大空间、设备与墙体分离、双层地板、双层顶棚、双层墙板等一系列手法，形成住宅在功能、形式、利用等方面的可变性。

（8）施工、维护方便：随着社会各方面技术的提高，对住宅产品的施工和维护也提出了更高的要求。通过全电气化智能住宅设计、独立的公共管井、同层排水、24小时通风换气、部品标准化等众多集成技术，保证了住宅施工、维护的便捷性。

6.2　维护

新建住宅在被利用过程中，由于风、霜、雨、雪、日光照射等自然现象，或者台风、龙卷风、地震等自然灾害，或者日常生活的频繁利用、摩擦、老化等，会产生脏污、耗损、劣化等，因此，定期的点检、护理、维修、更新、更换等维护，对延长住宅建筑的耐久性有重要作用。除了按照国家法律、法规、标准、规范等进行维护，还需要建立日常巡检及定期清扫、检修等制度。

1）建筑主体的维护

通常，混凝土主体结构的耐久性较长，应能保持至少100年的使用寿命，而围护体的耐久性相对较短，10～20年后需要全面修补或更换。因此，需要根据构件或部品的不同使用寿命，设定不同的点检期，定期检修、护理、更新等（表6-2）。

住宅建筑主体的点检维护表　　　　　　　　　表6-2

类别	部位	点检期	点检项目	处理
建筑主体	基础	5～6年	是否出现龟裂、破损、下沉、倾斜、积水、腐蚀、通气不良等现象	进行部分修补、保养，改建时更新
	结构体	3～5年	包括柱、梁、楼板等，是否出现脏污、龟裂、弯曲、隆起、脱离、褪色、生锈、破损等现象	进行部分修补、保养，改建时更新
	外墙	3～5年；2～3年	混凝土板是否出现脏污、龟裂、渗漏、脱落等现象；面砖、金属板等外装是否出现脏污、变形、龟裂、劣化等现象	进行部分修补、保养，10～20年全面修补；进行部分修补、保养，10年全面修补
	屋面	3～5年；2～3年	包括瓦片、钢板、混凝土板等，是否出现错位、裂缝等现象；排水沟是否出现堵塞、移位、裂缝等现象	进行部分修补、保养，10～20年全面更新；进行部分修补、保养，7～8年全面更换
	楼梯	3～5年	是否出现龟裂、破损、渗漏、劣化等现象	进行部分修补、保养，10～20年全面修补
	分隔墙	3～5年	包括分户墙、公共管井墙体、楼梯间墙体等，是否出现脏污、龟裂、渗漏、脱落等现象	进行部分修补、保养，10～20年全面修补
	阳台	3～5年；2～3年	包括防水层、铝合金部分等，是否出现脏污、龟裂、劣化、褪色、腐蚀、破损等现象；包括木材、钢材、聚氯乙烯材部分，是否出现脏污、腐蚀、生锈、褪色、破损等现象	进行部分修补、保养，10～15年全面修补；进行部分修补、保养，5～10年全面修补
	开口部	2～3年	包括外部门窗、雨篷、格栅等，是否出现变形、不匹配、异常、渗漏、腐蚀等现象	随时进行修补、更换，10～20年全面更换

2）公共设备的维护

公共设备的正常使用、运转，是保证居住环境良好的关键，但一般情况下，设备的耐久性较短，10～20年需要全面修补、更新。公共设备的维护应以不影响居民正常生活为原则，根据各项设备部品的使用寿命，定期点检、维护、更新等（表6-3）。

住宅公共设备的点检维护表 表6-3

类别	部位	点检期	点检项目	处理
公共设备	电梯	15～30天	包括机械设备、电力设备，电梯本体的门、箱体、内装等，是否出现龟裂、破损、渗漏、劣化、异常等现象	随时进行维修、保养、更换，10～20年全面更新
	给水排水设备	2～3年	包括水管、水栓、接头、水泵、减压器、水池、净化池等，是否出现漏水、堵塞、老化、腐蚀、破损、异味等现象	每天检查水质，定期清扫，随时进行维修、更换，10～20年全面更新
	暖通设备	2～3年	包括散热器、热水管、燃气管、通风管道、空调设备、热水器设备等，是否出现漏气、漏水、老化、腐蚀、破损等现象	随时检查，定期清扫，随时进行维修、更换，10～20年全面更新
	电气设备	2～3年	包括电缆、电线、变压设备、照明设备、开关、插座等，是否出现脏污、破裂、漏电、异常等现象	随时进行检查、维修、更换，10～15年全面更新
	安全防范设备	每年	包括消防设备、防水灾设备、防燃气泄漏设备、智能监控设备、防盗设备、报警设备等，是否出现脏污、破裂、中断等现象	随时进行检查、维修、更换，10～15年全面更新

3）内装及户内设备的维护

内装及户内设备一般是根据住户的需求、喜好来装修、施工的，如果住户的家庭结构、生活方式等发生改变，或者更换了新住户，将需要重新装修。因此，内装及户内设备的维护应以个性化、自由度、便利性为原则，结合不同部品的使用寿命，定期点检、维护、更换、更新等（表6-4）。

住宅内装及户内设备的点检维护表   表6-4

分类	部位	点检期	点检项目	处理
内装及户内设备	户内开口部	2~3年	包括户内门、床、固定家具等，是否出现脏污、不匹配、劣化、破损等现象	随时进行维修、更换，10~15年全面更新
	内隔墙	2~3年	是否出现脏污、龟裂、变形、破损等现象	随时进行维修、更换，10~15年全面更新
	内装材	2~3年；1~2年	包括地板、墙板、顶棚等装饰材，是否出现脏污、隆起、变形、龟裂、脱落、破损等现象；表面涂装是否出现脏污、剥落等现象	随时进行修补、更换，10~15年全面更新；随时进行修补、更新，10~15年全面更新
	户内给水排水设备	2~3年	是否出现漏水、堵塞、老化、腐蚀、破损、异味等现象	随时进行维修、保养、更换，10~20年全面更新
	户内暖通设备	2~3年	是否出现漏气、漏水、老化、腐蚀、破损等现象	随时进行维修、保养、更换，10~20年全面更新
	户内电气设备	2~3年	是否出现脏污、破裂、漏电、老化、异常等现象	随时进行维修、保养、更换，10~15年全面更新
	厨房	1~3年	包括通风换气、用水设备、燃气设备、电器设备等，是否出现通风不良、水管堵塞、燃气泄漏、漏电、设备破损等现象	随时进行维修、保养、更换，10~15年全面更新
	卫生间	1~3年	包括通风换气、用水设备、燃气设备、电器设备等，是否出现通风不良、水管堵塞、设备破损等现象	随时进行维修、保养、更换，10~15年全面更新
	浴室	1~3年	包括通风换气、用水设备、燃气设备、电器设备等，是否出现通风不良、水管堵塞、燃气泄漏、漏电、设备破损等现象	随时进行维修、保养、更换，10~15年全面更新
	户内安全防范设备	每年	包括防火设备、防燃气泄漏设备、防盗设备、报警设备等，是否出现脏污、破裂、中断等现象	随时进行维修、保养、更换，10~15年全面更新

4）保险机制、性能认定制度与维护

（1）住宅质量保险制度

为了保证质量，减少风险，需要在住宅产业中引入保险机制来制衡。早在200年前，法国首次出现了工程质量保险制度，名为"潜在性缺陷保险"，主要承保建筑工程竣工验收之日起的10年之内，因建筑工程主体结构存在的缺陷，发生工程质量事故而给业主造成的损失，又称"建筑物十年期责任保险"，由开发商投保，业主作为实际收益人。现在该项制度已经成为国际通用的一项建筑工程质量管理制度。

近年来的住宅质量问题已成为我国最为尖锐的社会问题之一，全面推行住宅质量保证保险制度则是一种有效缓解住宅质量问题，进而充分保障消费者权益的重要途径。为此，2002年底原建设部住宅产业化促进中心与中国人民保险公司联合推出了"住宅质量保证保险"（表6-5），正式将保险机制引入我国的住宅产业当中。

随着住宅产业的发展，住宅质量保险制度将逐渐涵盖与住宅相关的各个方面，如主体结构保险、住宅部品保险、住宅施工保险、住宅内装保险、住宅火灾保险等，不仅对新建住宅适用，也将适用于既有住宅的修缮、更新等。

"住宅质量保证保险"中的保险责任和保险期间 表6-5

条款项目	条款内容
保险责任	第四条　在本保险期间内，本保险单明细表中列明的、由投保人开发的并经国家或地方政府建设行政主管部门、商品住宅性能认定委员会根据相关商品住宅性能认定管理规定认定通过的住宅，在正常使用条件下，因潜在缺陷发生下列质量事故造成住宅的损坏，经被保险人向保险人提出索赔申请时，保险人负责赔偿修理、加固或重新购置的费用： （一）整体或局部倾斜、倒塌； （二）地基产生超出设计规范允许的不均匀沉降； （三）阳台、雨篷、挑檐等悬挑构件坍塌或出现影响使用安全的裂缝、破损、断裂； （四）主体承重结构部位出现影响结构安全的裂缝、变形、破损、断裂； （五）电气管线破损。
保险期间	第十一条　对于本条款保险责任第四条第（一）至（四）款所述质量事故的保险期间为十年，自住宅竣工验收合格之日起满一年后算起；对于保险责任第四条第（五）款所述质量事故的保险期间为五年，自住宅竣工验收合格之日起满一年后算起

（2）住宅性能认定制度

1999年国务院办公厅颁发了重要文件"国办发〔1999〕72号文件"，明确指出："重视住宅评定工作，通过定型和定量相结合的方法，制定住宅性能认定技术标准和评定办法，逐步建立公平的住宅性能评定体系。"同年，原建设部印发了《商品住宅性能认定管理办法》，决定从当年7月1日起在全国试行住宅性能认定制度，并以"建标〔1999〕308号文件"，将《住宅性能评定技术标准》列入了工程建设国家标准制定、修订计划。由此，初步建立起了我国住宅性能认定制度，明确了住宅性能评定方法和程序。

实施住宅性能认定制度，可以使消费者具有掌握产品性能的途径，维护了消费者对住宅性能的知情权；也可以使开发企业的住宅产品获得客观公正的评价，并明确改进方向，提高市场竞争力；同时有利于政府部门的监管，提高住宅质量，并加快住宅产业化进程。

目前，《住宅性能评定技术标准》（GB/T50362-2005）是我国唯一的住宅性能方面的评定标准，从适用性能、环境性能、经济性能、安全性能、耐久性能五个方面对住宅进行综合评定，包括28个项目99个分项（表6-6）。

《住宅性能评定技术标准》的评定项目和内容　　　　表6-6

评定性能	评定项目	评定分项
适用性能	单元平面	单元平面布局、模数协调和可改造性、单元公共空间
	住宅套型	套内功能空间设置和布局、功能空间尺度
	建筑装修	套内装修、公共部位装修
	隔声性能	楼板的隔声性能、墙体的隔声性能、管道的噪声量、设备的减振和隔声
	设备设施	厨卫设备、给水排水与燃气系统、采暖通风与空调系统、电气设备与设施
	无障碍设施	套内无障碍设施、单元公共区域无障碍设施、住区无障碍设施
环境性能	用地与规划	用地、空间布局、道路交通、市政设施
	建筑造型	造型与外立面、色彩效果、室外灯光
	绿地与活动场地	绿地配置、植物丰实度与绿化栽植、室外活动场地
	室外噪声与空气污染	室外噪声、空气污染
	水体与排水系统	水体、排水系统
	公共服务设施	配套公共服务设施、环境卫生
	智能化系统	管理中心与工程质量、系统配置、运行管理
经济性能	节能	建筑设计、围护结构、采暖空调系统、照明系统
	节水	中水利用、雨水利用、节水器具及管材、公共场所节水措施、景观用水
	节地	地下停车比例、容积率、建筑设计、新型墙体材料、节地措施、地下公建、土地利用
	节材	可再生材料利用、建筑设计施工新技术、节材新措施、建材回收率

续表

评定性能	评定项目	评定分项
安全性能	结构安全	工程质量、地基基础、荷载等级、抗震设防、外观质量
	建筑防火	耐火等级、灭火与报警系统、防火门（窗）、疏散设施
	燃气及电气设备安全	燃气设备安全、电气设备安全
	日常安全防范措施	防盗设施、防滑防跌措施、防坠落措施
	室内污染物控制	墙体材料、室内装修材料、室内环境污染物含量
耐久性能	结构工程	勘察报告、结构设计、结构工程质量、外观质量
	装修工程	装修设计、装修材料、装修工程质量、外观质量
	防水工程与防潮措施	防水设计、防水材料、防潮与防渗漏措施、防水工程质量、外观质量
	管线工程	管线工程设计、管线材料、管线工程质量、外观质量
	设备	设计或选型、设备质量、设备安装质量、运转情况
	门窗	设计或选型、门窗质量、门窗安装质量、外观质量

（3）住宅部品认定制度

同时，"国办发〔1999〕72号文件"也明确提出了"住宅部品通用化和生产、供应的社会化"的发展目标，提倡"编制《住宅部品推荐目录》，提高部品的选用效率和安装质量"，并与日本开展技术合作，开始尝试建立住宅部品认定制度。

2002年，由原建设部住宅产业化促进中心组织专家进行技术评审的《国家康居示范工程选用部品与产品目录》正式公布；同年，颁布了《国家康居住宅示范工程选用部品与产品认定暂行办法》；2005年，我国首个住宅产品认证机构成立；2006年，原建设部颁布"建标〔2006〕139号文件"，正式确立了我国住宅部品认证制度（图6-11）。首批开展认定的部品涉及建筑砌块、建筑涂料及腻子、墙体保温、防水卷材、建筑门窗及配件、隔墙、厨房家具、地板、散热器、建筑管件管材、木结构规格材及配件、扣件、脚手架、建筑模板等14类。

目前，由于我国的住宅部品化程度不高、技术不配套等，所以认证部品的类别还不全面，并存在分类不科学、不细致，许多部品没有标准可依等不足。今后，需要在现有基础上，积极扩大部品认证范围，提高认定标准，规范认定程序，从而完善住宅部品认定制度，促进住宅部品体系化发展，推动住宅工业化水平的提高，并积极推出优良住宅部品认定制度，促进建筑材料与部品的更新换代。

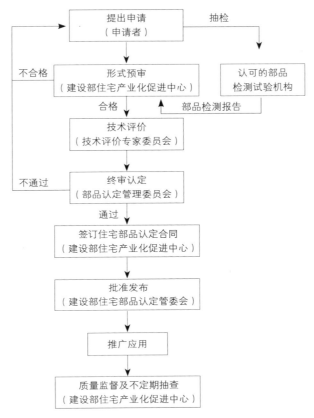

图6-11　我国现行住宅部品认定程序图

6.3　对社会环境的需求

1）政府的引导

可持续发展已成为我国的发展战略。从国家到地方城市，各级政府针对住宅产业发展方向，相继出台了大量政策、法律、法规、规范、标准等（表6-7），对住宅产业的发展起到了很好的引导作用。归纳起来主要包括以下几个方面：

（1）提倡节约资源和环境保护。

（2）鼓励节能和开发新能源。

（3）提倡精装修住宅。

（4）提高住宅的防震减灾性能。

（5）提高钢材在住宅建筑中的应用。

近年来颁布的部分关于住宅产业发展的政策、法规、标准等　　表6-7

时间	颁布部门	名称
1999	建住房（1999）114号	关于印发《商品住宅性能认定管理办法（试行）》的通知
1999	国办发（2003）72号	《关于推进住宅产业现代化提高住宅质量若干意见》的通知
1999	建设部、经贸委、质量技监局、建材局	《关于在住宅建设中淘汰落后产品的通知》
2002	建设部住宅产业化促进中心	《国家康居住宅示范工程选用部品与产品认定暂行办法》
2002	建中心（2002）14号	关于公布《国家康居示范工程选用部品与产品目录》的通知
2002	建住房（2002）190号	关于印发《商品住宅装修一次到位实施细则》的通知
2003	国发（2003）18号	《国务院关于促进房地产市场持续健康发展的通知》
2005	GB/T 50362-2005	《住宅性能评定技术标准》
2006	建标（2006）139号	《关于推动住宅部品认证工作的通知》
2006	建住房（2006）150号	关于印发《国家住宅产业化试行办法》的通知
2007	第十届人代会常委会	《中华人民共和国节约能源法》修订版
2008	GB/T 22633-2008	《住宅部品术语》
2008	第八届人代会常委会	《中华人民共和国防震减灾法》修订版
2009	建设部	《钢结构住宅建筑产业化技术导则》
2010	CECS52-2010	《整体预应力装配式板柱结构技术规程》修订版
2010	住建部	《建设事业技术政策纲要》
2011	JGT 184-2011	《住宅整体厨房》
2011	JGT 183-2011	《住宅整体卫浴间》
2012	财建（2012）167号	《关于加快推动我国绿色建筑发展的实施意见》
2013	国务院令第641号	《城镇排水与污水处理条例》
2014	JGJ1-2014	《装配式混凝土结构技术规程》

2）住宅产业链的形成

产业链是产业经济学中的一个概念，是各产业部门之间基于一定的技术经济关联，并依据特色的逻辑关系和时空布局关系，客观形成的链条式关联关系形态，包含价值链、企业链、供需链、空间链四个维度。也可以说是一种或几种资源，通过若干产业层次不断向下游产业转移，直至达到消费者的途径。

住宅产业链以住宅为最终产品，涵盖住宅投资、住宅规划设计、住宅施工、住宅构件和部品的制造、住宅及其衍生品的流通、消费以及金融、保险、物业管理服务等多个行

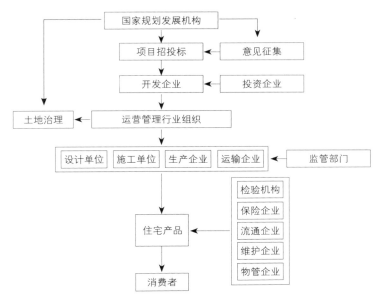

图6-12 住宅产业链的主要机构行业构成

业，范围广泛，体系庞大（图6-12）。

我国已基本形成住宅产业链，但仍是粗放型、劳动密集型，工业化程度较低，有待完成各项职能的转变，并以SI住宅为发展方向，形成科学化、系统化、专业化、现代化的住宅产业链。

3）住宅部品的工业化、预制化

由于我国城市化的不断深入，对集合住宅的建设也提出了更高的要求。为了更好地提高建设效率，节约资源、能源，住宅的部品化设计（图6-13）、装配式施工（图6-14）势在必行，这是住宅产业的整体发展方向。

图6-13 工厂预制的厨房内装部品

图6-14 建筑部品的现场装配

住宅部品的标准化、模数化、工业化、预制化可谓住宅产业的"四个现代化",可以保证从原材料到最终住宅产品全过程的生产效益和资源合理利用,满足住宅高品质的功能要求。同时,可以节约大量人力、物力,减少资源和能源的浪费,并形成一系列完整的住宅产业链,解决住宅部品生产的规模、质量、技术、市场、售后等一系列问题。

4)施工技术和施工管理体系的完善

(1)施工技术的提高

在政府的方向性指导下,形成了完整的住宅产业链以及住宅部品的工业化,给施工技术的提升创造了有利的前提条件(图6-15、图6-16)。不再是传统施工方法的现场调整、临时加工等不确定状态,而是可以针对住宅产品进行定位,选取标准化的住宅部品,按照明确的组合安装方式,有次序、有计划地进行住宅的建设工作,住宅整体的施工过程也更加精细、准确、可掌控。

(2)管理体系的完善

在施工过程中,各部分内容的明确化,各类部品的标准化、模数化以及预先确立好的工序、流程等,给住宅建设的管理带来了巨大的便利。住宅工业化可以使各个工种的工作更加专业、更加细化,可以合理安排和调配人力、物资等各项资源,综合提高整个管理体系的运营效率和品质。

5)居民对住宅的需求和愿景

(1)精装修

我国现阶段的住宅供给大多为毛坯房,居民购房后需要花费大量的时间和精力进行自己并不擅长的内装修工作。SI住宅的特点使其更方便提供包括内装修在内的精装修住宅产品,提供全方位的空间和功能的服务,消除自行内装的不合理现象(图6-17),同时也可节约和整合社会资源,避免浪费。

图6-15 内隔墙集成技术

图6-16 整体浴室集成化技术

图6-17 由专业人员进行内装施工

图6-18 高品质的精装修住宅

（2）品质保证

由于住宅的部品化、工业化，可以大量生产、加工高精度的住宅构件和部件，既可提高生产效益，又能保证住宅整体的性能和品质（图6-18）。

（3）可变性

SI住宅的内装、设备与主体结构分离，为空间的可变性创造了有利条件，居民可以根据自己的喜好，任意地调整室内空间的布局和使用功能，大大丰富了空间的使用选择性。

（4）自行维护

由于设备设置在不同的夹层空间内，如架空地板、吊顶、双层墙板内以及众多的检修口的存在，使得居民自己即可动手进行简单的设备维修、更换工作，并且不破坏其他的住宅部品。

6）各阶段的功能、性能、责任的明确

（1）明确责任制

由于公共管井的设置，使得公共设备与户内设备划分明确，住宅的公共部分和户内部分的归属、责任等相应地清晰明了，且户与户相对独立，互不影响，明确了各户的权属关系。同时，住宅的部品化、各工种的细化等多方面因素，使得SI住宅各建设阶段的内容、工作主体十分明确，对该阶段责任主体的规范也更加清晰（图6-19、图6-20）。

（2）安全保障

标准化部品、工业化施工方式、完善电控的设备、健全的安全监督体系等，保证了住宅产品和功能的安全性，使居民可以安全、安心地居住、生活。

（3）性能保障

住宅部品的专业化设计、生产和组装，明确了部品的功能、技术指数、连接方式、使用方法、限制条件等内容，使居民可以清楚明白地选择能够满足自己需求的合适产品。

图6-19　顶棚施工

图6-20　地板施工

6.4　未来走向

1）住宅开发企业的分化

（1）更加细化

应划分得更加细致，避免一家或几家独大的垄断局面，使众多住宅开发企业形成良性竞争，提高产品质量。

（2）更加专业

应按照各自擅长的方向发展，形成不同的住宅开发企业的优势、品牌，在不同领域更加专业化。

（3）多元发展

应允许众多中小企业参与到住宅开发行业中，形成规模、实力、产品、顾客群在横向上的多元化发展，百花齐放（图6-21）。

2）住宅部品体系的形成

1999年国务院办公厅发出的国办发［1999］72号文《关于推进住宅产业现代化提高住宅质量的若干意见》中，明确了建立住宅部品体系是推进住宅产业化的重要保证的指导思想，同时也提出了建立住宅部品体系的具体工作目标："到2005年初步建立住宅及材料、部品的工业化和标准化生产体

图6-21　多元化的居住区形成

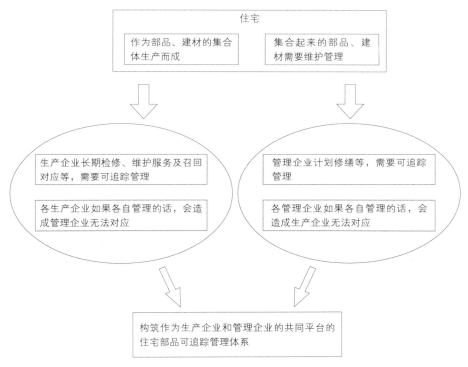

图6-22 住宅部品的可追踪系统

系；到2010年初步形成系列的住宅建筑体系，基本实现住宅部品通用化和生产、供应的社会化。"

但目前，我国尚未形成部品的工业化生产和供应，也没有形成一套完整的住宅部品体系，导致住宅部品的生产与管理不衔接，现场施工的手工加工工作量仍然非常大，效率低下，工程质量参差不齐。因此，形成标准化住宅部品体系将是我国住宅建设中的一项重大任务，通过该体系，将使得所有的住宅部品可以被追踪，保证住宅产品的质量（图6-22）。

3）住宅性能评价体系的完善

我国虽然从2006年开始施行《住宅性能评定技术标准》（GB/T 50362-2005），但涉及评定的性能和项目仍不全面，而且评定等级仅分为A（为执行了国家现行标准且性能好的住宅）、B（为执行了国家现行强制性标准但性能达不到A级的住宅）两个级别，评定标准有待进一步提高及细化，如提高耐久性（图6-23）、增加适老性（图6-24）等。

现阶段我国的住宅性能认证采取自愿申请原则，评定工作包括设计审查、中期检查、终审三个环节：设计审查是为了能在前期阶段向建设单位或开发商提供技术支持；中期检查在主体结构施工阶段进行，使评定结果具有可靠性；终审必须在评定对象竣工后进行。

图6-23 长期耐久的百年住宅

图6-24 住宅的适老性设计

今后应本着科学、全面、客观、公正、透明的原则，深化、完善住宅性能评价体系，并将住宅性能认证制度作为一项强制性措施来执行，予以法律的保护和支持。

4）施工及管理的专业化体系

首先是提高施工工艺，大量开发高技术含量的集成化施工技术，以此提高施工效率，保证施工精度和质量。

其次是完善施工工序，使各工种之间衔接圆滑、合作协调，减少交叉、重复环节，明确责任，保证安全生产，避免施工事故。

再次是积极引进CM制度，进行科学的施工管理，达到控制建设成本、缩短建设工期、保证建设质量的目的。

最后是严格把关专业施工管理人员的资质。目前，根据《建筑与市政工程施工现场专业人员职业标准》（JGJ/T250-2011）的规定，我国施工现场专业人员包括施工员、质量员、安全员、标准员、材料员、机械员、劳务员、资料员八大员（表6-8）。为了确保住宅建设的工程质量，必须制定严格的法律、法规，保证只有持证专业人员才能上岗。

我国施工现场八大专业人员　　　　　　　表6-8

名称	工作内容
施工员	从事施工组织策划、施工技术与管理以及施工进度、成本、质量和安全控制等工作
质量员	从事施工质量策划、过程控制、检查、监督、验收等工作
安全员	从事施工安全策划、检查、监督等工作
标准员	从事工程建设标准实施组织、监督、效果评价等工作
材料员	从事施工材料计划、采购、检查、统计、核算等工作
机械员	从事施工机械的计划、安全使用监督检查、成本统计核算等工作
劳务员	从事劳务管理计划、劳务人员资格审查与培训、劳动合同与工资管理、劳务纠纷处理等工作
资料员	从事施工信息资料的收集、整理、保管、归档、移交等工作

References
参考文献

外文文献

[1] John N. Habraken. The Structure of the Ordinary [M]. Cambridge and London: MIT Press, 1998.

[2] John N. Habraken. Supports: An Alternative to Mass Housing [M] , London: The Architectural Press, 1972.

[3] Stephen H. Kendall, and Johnathan Teicher [M]. Residential Open Building. London, New York: E & FN Spon, 2000.

[4] UR都市機構，ＫＳＩを支える設備，www.ur-net.go.jp_rd_corner-p_pdf. 2006.

[5] 梅沢良三. 構造計画 [J]. 建築知識，1993 (429): 76—82.

[6] 磐田正晴. ラクラク構造設計入門 [J]. 建築知識，1990 (386): 116—119.

[7] 大西誠，井関和朗，伊藤功，中田誠，水上隆年，石田晶，堀秀松，相馬正美，中里博司. 住宅づくりの新しいコンセプト・技術 (住宅団地環境設計ノートその9 [M]、東京：(社) 日本住宅協会，1991.

[8] 大阪ガス株式会社. 大阪ガス実験集合住宅NEXT 21. http://www.osakagas.co.jp/company/efforts/next21/.

[9] 株式会社建研. PCa工法・PC工法. http://www. kenken-pc. com/pc/index.html.

[10] 金箱温春. ラクラク構造設計入門 [J]. 建築知識，1990 (386): 110—115.

[11] 岩下繁昭. 日本における住宅部品産業の発展. 1999. http://monotsukuri.net/buhin.pdf.

[12] 建築思潮研究所編. 建築設計資料：中高集合住宅 [M]. 東京：建築資料研究社，1986.

[13] 建築思潮研究所編. 建築設計資料：ＳＩ住宅—集合住宅のスケルトン・インフィル [M]. 東京：建築資料研究社，2005.

[14] 建築設計テキスト編集委員会編. 建築設計テキスト—集合住宅 [M]. 東京：彰国社，2008.

[15] 建設省住宅局住宅生産課監修,(財)ベターリビング編集. これからの中高層ハウジング [M]. 東京：丸善株式会社，1992.

[16] 小原隆. フリープラン技術の新潮流 [J]. 日経アーキテクチュア，1997 (581): 136—143.

[17] 小原隆. スケルトン住宅の行方 [J]. 日経アーキテクチュア，1999 (643): 28—45.

[18] 坂本圭，岡本久人，松本亨. 長寿命住宅の環境負荷低減効果に関する研究. https://www.fudousan-kanteishi.or.jp/japanese/material_j/ppc21/6.pdf.

[19] 社団法人プレハブ建築協会. プレキャスト建築技術集成—第1編：プレキャスト建築総論 [M]. 東京：社団法人プレハブ建築協会，2003a.

[20] 社団法人プレハブ建築協会. プレキャスト建築技術集成—第2編：W—ＰＣの設計 [M]. 東京：社団法人プレハブ建築協会，2003b.

［21］社団法人プレハブ建築協会. プレキャスト建築技術集成—第3編：WR—PCの設計［M］. 東京：社団法人プレハブ建築協会，2003c.

［22］社団法人プレハブ建築協会. プレキャスト建築技術集成—第4編：R—PCの設計［M］. 東京：社団法人プレハブ建築協会，2003d.

［23］新建築社. Rikennyamamoto 2003 山本理顕［J］. The Japan Architect 51，2003.10.

［24］碓井民朗. ダメマンションにダマされるな—一流マンションはここがスゴイ［M］. 東京：株式会社エクスナレッジ，2014.

［25］徳永太郎. 大災害でも生き延びられるマンション［J］. 日経アーキテクチュア1997（611）：140—143.

［26］徳永太郎，小原隆. 集合住宅を変える5つの着想［J］. 日経アーキテクチュア，1998（611）：88—107.

［27］日本建築学会編集. 建築工事標準仕様書・同解説 JASS5—鉄筋コンクリート工事第13版［S］. 東京：日本建築学会，2009.

［28］日本建築学会住宅小委員会編. 事例で読む—現代集合住宅のデザイン［M］. 彰国社，2004.

［29］日本建設省大臣官房技術官調査室. スケルトン住宅って何?［R］. 日本建設省，1999：1—45.

［30］日本国土交通省，CM方式活用ガイドライン—日本型CM方式の導入に向けて［R］. http://www.mlit.go.jp/sogoseisaku/const/sinko/kikaku/cm/cmguide1. htm，2002a.

［31］日本国土交通省. CM方式導入促進方策調査報告書［R］. http://www.yoi-kensetsu.com/cm/ds_hokoku/hokoku_all.pdf，2002b. 12. 6.

［32］日本国土交通省. 米国におけるCM方式活用状況調査報告書［R］. http://www.mlit.go.jp/common/000113027.pdf.

［33］日本国土交通省. これからはスケルトン住宅—良質で長持ちする集合住宅づくりを目指して［R］. 2003a.

［34］日本国土交通省. 高齢者身体障害者らの利用の配慮した建築設計標準［S］. 東京：日本国土交通省，2003b.

［35］日本国土交通省. 日本住宅性能表示基準［S］. 平成18年国土交通省告示第1129号，2006.

［36］日本国土交通省. 長期使用構造等とするための措置及び維持保全の方法の基準［S］. 平成20年国土交通省告示第209号，2008.

［37］日本国土交通省. 評価方法基準［S］. 平成21年国土交通省告示第354号，2009.

［38］日本国土交通省. 細区分工種の工事の内容. http://www.mlit.go.jp/chotatsu/shikakushinsa/chisei/23—24/03/j2—07—10—03—01.html.

［39］日本住宅性能表示基準・評価方法基準技術解説編集委員会. 住宅性能表示制度—日本住宅性能表示基準·評価方法基準技術解説2005［S］. 東京：工学図書株式会社，2005.

［40］日本特許庁技術調査課. 省資源・長寿命化住宅に関する技術動向調査［R］. 2001. https://www.jpo.go.jp/shiryou/pdf/gidou—houkoku/1307—012_house. pdf

［41］松下電工. 内装建材・収納設備カタログ［M］. 大阪：松下電工株式会社住建マーケティング本部，2008.

［42］濱崎仁，藤本秀一. 集合住宅の長期耐用化のための設計・改修技術. BRI—H17講演会.

2005. http://www.kenken.go.jp/japanese/research/lecture/h17/txt/09.pdf.

［43］範悦，葉明．試論：中国独自の住宅工業化の発展戦略．http://www.bcj.or.jp/c20_international/src/kenchiku-gakuho02.pdf.

［44］範悦まちをつくる集合住宅研究会．都市集合住宅のデザイン［M］．東京：彰国社，1993.

［45］山本建材店．中空スラブ·中空マットスラブ工法．http://www.tees.ne.jp/~ykenzait/.

中文文献

［1］Stephen Kendall讲述，杨永悦整理．开放建筑，新的挑战——访国家建筑创新研究理事会（CIB）开放建筑执行小组负责人Stephen Kendall教授［J］．建筑技艺，2012（3）：38-40.

［2］Stephen Kendall．内部装配化产业如何改变建筑［J］．李欣译．建筑学报，2013（01）：41-43.

［3］（瑞士）安德烈·德普拉泽斯．建构建筑手册［K］．大连：大连理工大学出版社，2007.

［4］（美）巴特·雅恩．简捷图示住宅建造手册［K］．毛磊，尹珺祥，李惠民，熊辉玲译．北京：中国建筑工业出版社，2001.

［5］鲍家声．可持续发展与建筑的未来——走进建筑思维的一个新区［J］．建筑学报，1997（10）：44-47.

［6］鲍家声．支撑体住宅［M］．南京：江苏科技学院出版社，1988.

［7］鲍家声．开放建筑思与行［J］．建筑技艺2013（1）：102-106.

［8］北京中建建筑科学研究院有限公司，四川省建筑科学研究院．中国工程建设标准化协会标准CECS52：2010：整体预应力装配式板柱结构技术规程［S］．北京：中国计划出版社，2010.

［9］柴成荣，吕爱民．SI住宅体系下的建筑设计［J］．住宅科技，2011a（1）：39-42.

［10］柴成荣，吕爱民．SI住宅体系下的墙体设计［J］．华中建筑，2011b（3）：42-44.

［11］岑岩．深圳及香港住宅产业化的实践与思考［J］．住宅产业，2013（4）：38-43.

［12］川崎直宏．日本公告住宅工业化生产技术发展和展望［J］．胡惠琴译．建筑学报，2012（4）：31-32.

［13］崔光勋，范悦．日本集合住宅中的支撑体设计与演变［J］．建筑学报，2012（S2）：149-152.

［14］范力，吕西林，赵斌．预制混凝土框架结构抗震性能研究综述［J］．结构工程师，2007，23（4）：90-97.

［15］方怡，王水良．高层装配式剪力墙结构施工技术研究［J］．住宅科技，2014（06）：88-90.

［16］（日）高桥仪平．无障碍建筑设计手册——为老年人和残疾人设计建筑［K］．陶新中译，牛清山校．北京：中国建筑工业出版社，2003.

［17］（日）高桥鹰制．新编简明住宅设计资料集成［M］．北京：中国建筑工业出版社，2003.

［18］谷明旺．PC住宅中预制墙体不同安装方法的探讨［J］．深圳土木&建筑，2015（1）：37-38.

［19］郝飞，范悦，秦培亮，程勇．日本SI住宅的绿色建筑理念［J］．住宅产业，2008（02-03）：87-90.

［20］黄南翼．"SI"住宅的研究［J］．建筑创作，2004（01）：124-125.

［21］黄宇星，祝磊，叶桢翔，王元清，石永久．预制混凝土结构连接方式研究综述［J］．混凝土，2013(1)：120-126.

［22］纪先志，周广良．全预制装配式高层住宅楼的施工及质量控制［J］．山西建筑，2013，39（18）：72-74.

［23］贾倍思. 长效住宅［M］. 南京：东南大学出版社，1993.

［24］贾倍思，江盈盈. "开放建筑"历史回顾及其对中国当代住宅设计的启示［J］. 建筑学报，2013（01）特集：城市转型中的长效建筑：20-26.

［25］建筑标准·规范·资料速查系列手册编委会. 建筑标准·规范·资料速查系列手册——住宅建筑设计［K］. 北京：中国计划出版社，2007.

［26］建筑设计资料集编委会. 建筑设计资料集（第二版）［M］. 北京：中国建筑工业出版社，1994.

［27］李峰. 日本预制住宅结构技术体系概述［J］. 中外建筑，2012（8）：108-110.

［28］李恒，郭红领，黄霆，江展宏，李妍. 推进中国住宅工业化进程的关键技术［J］，土木建筑工程信息技术，2009，1（2）：15-22.

［29］李昕. PC技术简介及其在实际工程中的应用［J］. 建筑技艺，2014（6）:60-67.

［30］李忠富，关柯. 中国住宅产业化发展的步骤、途径与策略［J］. 哈尔滨建筑大学学报2000，33（1）：92-96.

［31］刘长发，曾令荣，林少鸿，郝梅平，庄剑英，高智，苏桂军，周银芬，李慧芳，王刚. 日本建筑工业化考察报告（节选一）［R］. 发展研究，2011a（01）：67-75.

［32］刘长发，曾令荣，林少鸿，郝梅平，庄剑英，高智，苏桂军，周银芬，李慧芳，王刚. 日本建筑工业化考察报告（节选二）［R］. 发展研究，2011b（02）：73-84.

［33］刘长发，曾令荣，林少鸿，郝梅平，庄剑英，高智，苏桂军，周银芬，李慧芳，王刚. 日本建筑工业化考察报告（节选三）［R］. 发展研究，2011c（03）：62-69.

［34］刘东卫，宫铁军，闫英俊，衡立松，黄路，程开春，刘水. 百年住居建设理念的IC住宅体系研发及其工程示范——普适型住宅的技术创新与建造探索［J］. 建筑学报，2009（8）：1-5.

［35］刘东卫，李景峰. 中国住宅设计与技术新趋势［J］. 住宅产业，2011（11）：34-38.

［36］刘东卫，蒋洪彪、于磊. 中国住宅工业化发展及其技术演进［J］. 建筑学报，2012，04特集：10-18.

［37］刘美霞，刘晓. 住宅产业化概念辨析［J］. 住宅产业，2010（9）：39-43.

［38］刘强. 工业化预制结构住宅浅析［J］. 住宅科技，2011（07）：15-19.

［39］刘强. 预制混凝土结构住宅的结构类型及工程设计［J］. 住宅产业，2012（06）：34-37.

［40］刘玉录. 住宅产业化：涵义、条件与对策［J］. 中国房地产金融，2000（5）：8-12.

［41］闵立. 预制装配式混凝土外墙挂板设计关键技术研究［J］. 住宅科技，2014（6）：38-41.

［43］（日）日本建筑学会. 建筑设计资料集成——综合篇［M］. 天津：天津大学出版社，2006a.

［44］（日）日本建筑学会. 新版简明住宅设计资料集成［M］. 滕征本，滕煜先，周耀坤，滕百译. 北京：中国建筑工业出版社，2003.

［45］（日）日本建筑学会. 新版简明无障碍建筑设计资料集成［M］. 杨一帆，张航，陈洪真译，苏怡较. 北京：中国建筑工业出版社，2006b.

［46］石建光，林树枝. 预制装配式混凝土结构体系的现状和发展展望［J］. 墙材革新与建筑节能，2014（1）：45-48.

［47］孙玉平. 日本高强及超高强钢筋混凝土结构的应用与研究现状［J］. 高强与高性能混凝土及其应用——第七届全国高强与高性能混凝土学术交流会论文集，2010.

［48］孙志坚. 住宅设计的多样化对应手法——日本从住宅标准设计到支撑体住宅［J］. 工业建筑，

2007，37（9）：48–50，72.

[49] 索健，范悦，布金娜. 发达国家既有集合住宅再生理论综述［J］. 新建筑，2012（4）：41–45.

[49] 深尾精一. 日本走向开放式建筑的发展史［J］. 耿欣欣译，李华校. 新建筑，2011（6）：14–17.

[50] 沈良峰，虞焕新，范业铭. 论住宅产业链：内涵、形成与发展趋势［J］. 建筑经济，2009，11，14–18.

[51] 沈孝庭. 产业化装配住宅建筑体系与施工应用技术［J］. 住宅科技，2014（06）：81–84.

[52] 田黎. 预制装配式住宅现场施工技术与安全风险管理［J］. 住宅科技，2014（06）：91–96.

[53] 同济大学. 上海市工程建设规范DG/TJ08–2071–2010：装配整体式混凝土住宅体系设计规程［S］. 上海市建筑建材市场管理总站，2010a.

[54] 同济大学. 上海市工程建设规范DG/TJ08–2069–2010：装配整体式住宅混凝土构件制作、施工及质量验收规程［S］. 上海市建筑建材市场管理总站，2010b.

[55] 王利. 建筑工业化住宅探讨［J］. 山西建筑，2014，40（17）：5–6.

[56] 吴东航，章林伟，小见康夫，栗田纪之，佐藤考一. 日本住宅建设与产业化［M］. 北京：中国建筑工业出版社，2009.

[57] 武江传. 混凝土预制装配框架结构梁柱柔性连接初探［J］，安徽建筑，2011（4）：159–161.

[58] 徐晔桢. 预制装配式剪力墙结构住宅建筑的设计［J］，建筑施工，2013，35（10）：928–930.

[59] 王笑梦. 住区规划模式［M］. 北京：清华大学出版社，2009.

[60] 王笑梦. 都市设计手法［M］. 北京：中国建筑工业出版社，2012.

[61] 谢其盛，高军. 浅谈几种新型工业化住宅主结构体系的发展［J］. 住宅产业，2009（12）：42–46.

[62] 解振华. 中国科协2004年学术年会讲话. 海南，2004–11–20.

[63] 闫英俊，刘东卫，薛磊. SI住宅的技术集成及其内装工业化工法研发与应用［J］. 建筑学报，2012（4）：55–59.

[64] 闫英俊，井上淳哉，市浦设计事务所. 日本住宅工业化干式工法技术与中国内装住宅技术集成［J］. 住宅产业，2009（10）：19–23.

[65] 赵海静，霍富强. 以CSI住宅工业化体系推进成品住房建设［J］. 现代建设，2012，11（12）：21–23.

[66] 住房和城乡建设部住宅产业化促进中心. CSI住宅建设技术导则（试行）［M］. 北京：中国建筑工业出版社，2010.

[67] 张慧. 框架剪力墙结构体系在预制装配式建筑中的应用研究［J］. 建筑施工，2014，37（3）：293–295.

[68] 中国房地产研究会人居环境委员会. 中国工程建设协会标准CECS377：2014：绿色住区标准［S］. 北京：中国计划出版社，2014.

[69] 中国建筑科学研究院. 中华人民共和国国家标准GB50300–2013：建造工程施工质量验收统一标准［S］. 北京：中国建筑工业出版社，2013.

[70] 中国土木工程学会高强与高性能混凝土委员会. 中国工程建设标准化协会标准CECS104：99［S］. 北京：中国建筑工业出版社，1999.

[71] 中华人民共和国国务院办公厅. 关于推进住宅产业现代化提高住宅质量的若干意见. 1999–8–20.

［72］中华人民共和国国务院. 建设工程质量管理条例. 2000-1-30.

［73］中华人民共和国公安部. 中华人民共和国国家标准GB50016-2014：建筑设计防火规范［S］，北京：中国计划出版社，2014.

［74］中华人民共和国建设部. 中华人民共和国国家标准GB/T 50100-2001：住宅建筑模数协调标准［S］. 北京：中国建筑工业出版社，2001.

［75］中华人民共和国建设部. 中华人民共和国国家标准GB50180-93：城市居住区规划设计规范（2002年版）［S］. 北京：中国建筑工业出版社，2002.

［76］中华人民共和国建设部. 中华人民共和国国家标准GB/T50340-2003：老年人居住建筑标准［S］. 北京：中国建筑工业出版社，2003.

［77］中华人民共和国建设部. 中华人民共和国国家标准GB50368-2005：住宅建筑规范［S］. 北京：中国建筑工业出版社，2005a.

［78］中华人民共和国建设部. 中华人民共和国国家标准GB/T50362-2005：住宅性能评定技术标准［S］. 北京：中国建筑工业出版社，2005b.

［79］中华人民共和国建设部. 中华人民共和国国家标准GB50352-2005：民用建筑设计通则［S］. 北京：中国建筑工业出版社，2005c.

［80］中华人民共和国建设部. 中华人民共和国国家标准GB50096-2011：住宅设计规范［S］. 北京：中国建筑工业出版社，2011.

［81］中华人民共和国建设部. 商品住宅装修一次到位实施细则（建住房［2002］190号）［Z］. 2002-7-18.

［82］中华人民共和国住房和城乡建设部. 防务建筑和市政基础设施工程施工图设计文件审查管理办法. 2013-8-1.

［83］中华人民共和国住房和城乡建设部. 中华人民共和国国家标准GB50010-2010：混凝土结构设计规范［S］. 北京：中国建筑工业出版社，2010a.

［84］中华人民共和国住房和城乡建设部. 中华人民共和国行业标准JGJ3-2010：高层建筑混凝土结构技术规程［S］. 北京：中国建筑工业出版社，2010b.

［85］中华人民共和国住房和城乡建设部. 中华人民共和国行业标准JGJ1-2014：装配式混凝土结构技术规程［S］. 北京：中国建筑工业出版社，2014.

［86］中建一局集团第三建筑有限公司与本书编写组. SI住宅建造体系设计技术——中日技术集成型住宅示范案例·北京雅世合金公寓［M］. 北京：中国建筑工业出版社，2013a.

［87］中建一局集团第三建筑有限公司与本书编写组. SI住宅建造体系施工技术——中日技术集成型住宅示范案例·北京雅世合金公寓［M］. 北京：中国建筑工业出版社，2013b.

［88］佐藤健正. 英国住宅建设——历程与模式［M］. 王笑梦译. 北京：中国建筑工业出版社，2011.

［89］周晓红，叶红. 中日住宅部品认定制度［J］. 住宅产业，2009（Z1）：105-109.

［90］王笑梦，尹红力，马涛. 日本老年人福利设施设计理论与案例精析［M］. 北京：中国建筑工业出版社，2013.

图片来源

- 图1-2、图1-3、图1-6、图1-8（参照日本国土交通省，2003a绘制）
- 图1-9（建筑思潮研究所，2005）
- 图1-11、图1-12、图2-1、图2-2、图2-3、图2-4、图2-9、图2-13、图2-14、图2-88、图2-97、图2-98、图2-99、图2-100、图3-42、图3-43、图4-5、图4-7、图4-8、图4-11、图4-32、图4-41、图6-4、图6-5、图6-6（日本市浦设计事务所研究报告）
- 图1-13（刘东卫等，2009）
- 图2-5、图2-6、图2-7、图2-8、图2-10、图2-11、图2-80、图2-81、图2-82、图2-83、图5-23（Panisonic）
- 图2-22、图2-70、图2-72（新建築社，2003）
- 图2-18、图2-19、图2-90、图2-91、图2-92、图2-93、图2-94、图2-95、图2-96、图3-7、图3-8、图3-9、图3-16、图3-17、图3-19、图3-20、图3-23、图3-24、图3-25、图3-28、图3-29、图3-30、图3-31、图3-34、图3-35、图3-38、图3-39、图3-40、图3-41、图3-47、图3-48、图3-50、图3-51、图4-2、图4-3、图4-4、图4-15、图4-18、图4-19、图4-29、图4-30、图4-31、图4-33、图4-36、图4-38、图4-40、图5-6、图5-7、图5-8、图5-9、图5-10、图5-11、图5-12、图5-13、图5-14、图5-15、图5-16、图5-17、图5-18、图5-19、图5-23、图5-24、图5-25、图5-26、图5-27、图5-28、图5-29、图5-30、图5-31、图5-32、图5-33、图5-34、图5-35、图5-36、图5-37、图5-38、图5-39、图5-46、图5-47、图5-48、图5-49、图6-3、图6-13、图6-14、图6-15、图6-16、图6-17、图6-18、图6-19、图6-20（王笑梦拍摄.）
- 图2-65、图4-23（日本建筑学会，2006a）
- 图2-71、图2-73（参照新建築社，2003绘制）
- 图2-76、图2-77（参照UR都市機構，2006绘制）
- 图2-87（建筑设计资料编委会，1994）
- 图3-4（株式会社建研）
- 图3-5（李昕，2014）
- 图3-6（李峰，2012；崔光勋、范悦，2012）
- 图3-15（日本建筑学会，2003）
- 图3-26（谷明旺，2015）
- 图4-38（王笑梦、尹红力、马涛，2013）
- 图4-42、图4-44（参照碓井民朗，2014绘制）
- 图3-37、图3-45、图4-6、图4-35、图4-37、图6-8、图6-22（参照日本市浦设计事务所研究报告绘制）
- 图3-44（山本建材店）
- 图4-9、图4-10、图4-22、图4-24、图4-26、图4-27、图4-28、图4-34（参照日本建筑学会，2003

绘制）

- 图4-17（参照日本建筑学会，2006a绘制）
- 图4-25（参照http://www.ldjnkj.com/definemenu.asp?id=148绘制）
- 图4-43（参照闵立，2014绘制）
- 图4-45（碓井民朗，2014）
- 图4-47（SECOM）
- 图5-44（中国建筑科学研究院，2013）
- 图5-45（参照中国建筑科学研究院，2013绘制）
- 图5-50（参照http://www.safe001.com/2005/wen/030305.htm绘制）
- 图1-4、图1-5、图1-6、图1-8、图1-10、图2-12、图2-15、图2-16、图2-17、图2-20、图2-21、图2-22、图2-23、图2-24、图2-25、图2-26、图2-27、图2-28、图2-29、图2-30、图2-31、图2-32、图2-33、图2-34、图2-35、图2-36、图2-37、图2-38、图2-39、图2-40、图2-41、图2-42、图2-43、图2-44、图2-45、图2-46、图2-47、图2-48、图2-49、图2-50、图2-51、图2-52、图2-53、图2-54、图2-55、图2-56、图2-57、图2-58、图2-59、图2-60、图2-61、图2-62、图2-63、图2-64、图2-66、图2-67、图2-68、图2-69、图2-71、图2-73、图2-74、图2-75、图2-76、图2-77、图2-78、图2-79、图2-84、图2-85、图2-86、图2-89、图3-1、图3-2、图3-3、图3-10、图3-11、图3-12、图3-13、图3-14、图3-18、图3-21、图3-22、图3-27、图3-32、图3-33、图3-36、图3-37、图3-45、图3-46、图3-49、图4-1、图4-6、图4-9、图4-10、图4-12、图4-13、图4-14、图4-16、图4-20、图4-21、图4-22、图4-24、图4-25、图4-26、图4-27、图4-28、图4-34、图4-35、图4-37、图4-39、图4-42、图4-44、图4-46、图5-20、图5-21、图6-1、图6-2、图6-9、图6-10、图6-21、图6-23、图6-24（北京乌梦设计绘制）

表格来源

- 表3-1（中国土木工程学会高强与高性能混凝土委员会，1999）
- 表3-2（日本建筑学会，2009）
- 表4-3（参照日本国土交通省，2006整理）
- 表5-2（参照日本国土交通省，2002a、b整理）
- 表5-3、表5-4、表5-8（参照日本市浦设计事务所研究报告制作）
- 表5-5（参照日本国土交通省建设业法上の工种、业种整理）
- 表5-6（参照日本国土交通省，2008整理）
- 表5-7（参照中华人民共和国住宅和城乡建设部，2013整理）
- 表6-1（参照解振华，2004整理）

Appendix
附录

　　到目前为止，我国关于SI住宅系统的理论研究进行了很多，但往往局限在国外的案例和理论整理，对于我国当前的建筑实践却没有实际的指导意义。现在的住宅建设行业正在进行着与SI住宅相关的方方面面的探讨研究和局部实践，尤其是几个大型地产开发企业，如万科、金地、绿地等公司，已经认识到了SI住宅的重要性，并进行了很多与自身企业特点相符的SI住宅实验性建设，这些开拓式的努力为我国下一步的SI住宅建设奠定了宝贵的基础。

　　介于这样的住宅建设发展阶段，本书除了前面所述的SI系统的理论梳理，还在附录里增加了SI住宅的标准设计部分，希望通过典型的样板住宅楼设计，对中国现代集合住宅提出可行的SI住宅体系的实践通用标准建议，为具体的设计和施工提供可以借鉴的各种工程概念图纸，方便相关工作人员进行更深入的研究和设计修改。住宅可以分为很多不同的种类，如按层数分为高层住宅、多层住宅、低层住宅，按形式分为塔式住宅和板式住宅等，由于版面和本书整体构成的限制，在这里我们只以在我国商品房市场上较为常见的高层板式住宅为例，进行了SI住宅的标准化设计。

　　本次的标准设计主要有以下几个特点：采用"核心筒+框架"的结构；开放住宅外侧围护墙面的限制；采用厚楼板技术，减少户内小梁的出现；强化户与户的隔断，降低各居住单元之间的相互干扰和不必要的纠纷；设备与结构主体分离；同层排水技术；部品化建筑设计等。

1）整体概念图

① 屋顶变化：可结合立面进行特殊造型处理。中部高出部分为机房，其对面可设置太阳能板，两侧可做屋顶绿化。

② 结构：框架结构与剪力墙核心筒相结合，整体结构稳定，并便于装配式施工。

③ 标准层分区：分为公共区域和户内区域。公共区域除了公共交通空间之外，还增设了公共交流空间；户内区域由4户组成。

④ 布局可变性：即使面积、形状完全相同的户型，也可按照住户需求进行不同的平面布局和内装。

⑤ 设备：在公共区域设置公共管井，竖管与墙体分离，并采用同层排水系统，维修、更换方便，不破坏墙体和内装。

⑥ 部品化：除了主体结构现浇之外，其他建筑部分全部采用预制标准化及模数化的部品，并进行组合装配，如外墙开口部的门、窗、百叶、阳台等。

⑦ 首层变化：住宅楼入口设置在北侧，通过门厅进入交通核。同时将其中的1户改为社区设施，方便居民利用，并在立面上体现出变化。

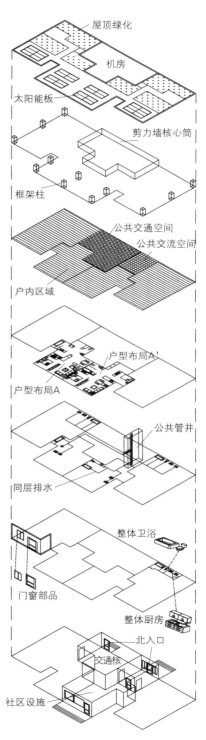

附录图1　SI住宅整体特点概念图

2）住宅楼平面图及户型面积表

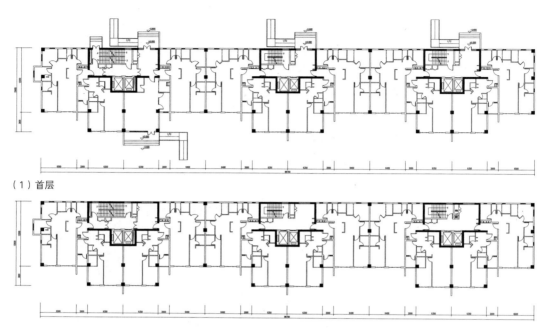

（1）首层

（2）标准层

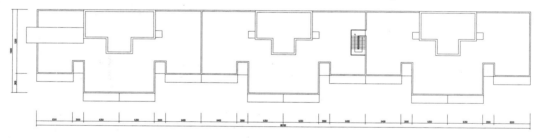

（3）屋顶层

附录图2　SI住宅楼（三联）平面图

18层以上住宅户型面积表（单位：m²）　　　附录表1

户型	套内面积	公摊面积	公摊系数	套型面积	公共面积	得房率
A1+	98.04	22.55		120.59		0.81
B+	75.93	17.47	0.23	93.40	79.08	0.81
B+	75.93	17.47		93.40		0.81
A2+	93.84	21.59		115.43		0.81
合计	343.74	79.08	—	422.82	—	0.81

18层以下住宅户型面积表（单位：m²） 　　附录表2

户型	套内面积	公摊面积	公摊系数	套型面积	公共面积	得房率
C+	99.74	18.02		117.76		0.85
D+	77.48	13.99	0.18	91.47	64.02	0.85
D+	77.48	13.99		91.47		0.85
C+	99.74	18.02		117.76		0.85
合计	354.44	64.02	–	418.46	–	0.85

3）立面分析图

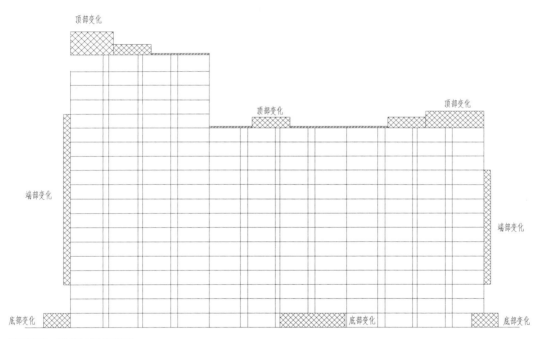

附录图3　建筑体量分析图

① 建筑体量：住宅楼由3个单元构成，1个18F以上，2个18F以下。主要在顶部、端部、底部发生体量上的变化，错落有致、凹凸有序。

② 立面特点：遵循三段式原则，形成顶部、中部、底部的不同立面效果。同时强调横向线条，淡化竖向分割，并通过门、窗、阳台、墙板等部品以及外墙的颜色、材质等，形成立面的序列和韵律，即统一，又有变化。

③ 景观要素：在底层的端部增设附加功能房间，并将底部的局部小窗合并为大的玻璃幕墙；底部和端部的外墙采用不同材质；顶部采用特殊造型，并在局部去除个别阳台。

附录图4　立面造型分析图

4）住宅楼立面图

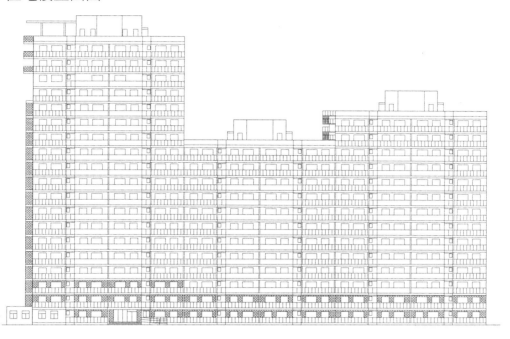

（1）南立面

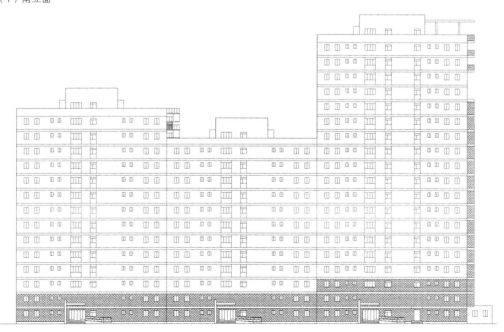

（2）北立面

附录图5　SI住宅楼（三联）立面图

5）18层以上单元平面图

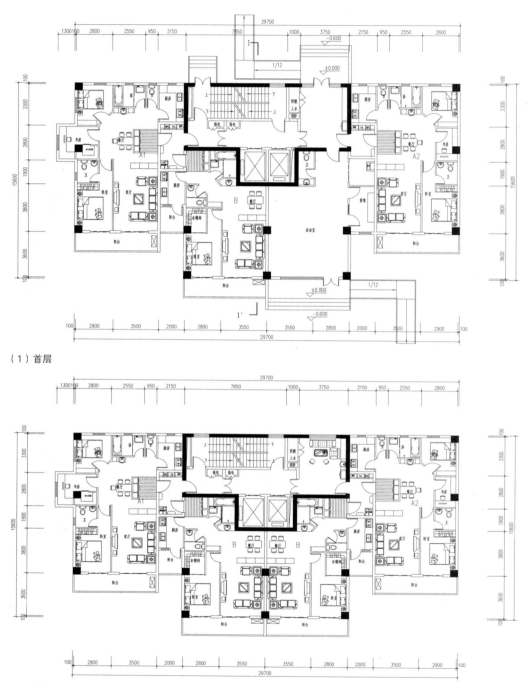

（1）首层

（2）标准层

附录图6　18层以上单元平面图

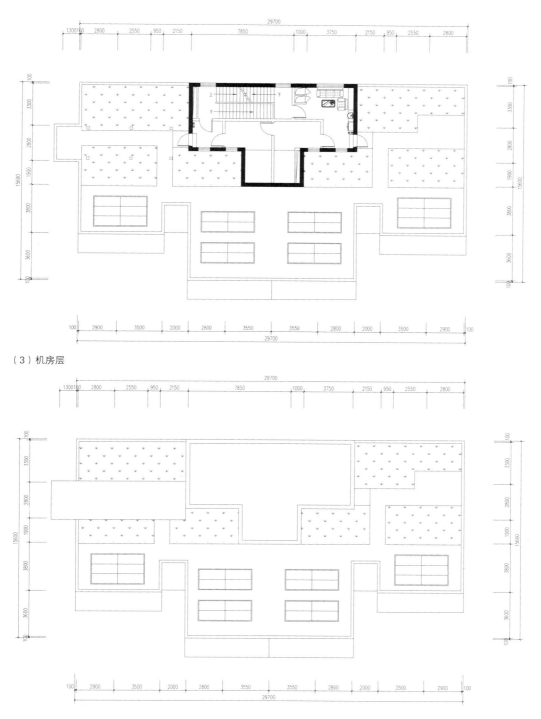

（3）机房层

（4）屋顶层

附录图6　18层以上单元平面图（续）

6）18层以上单元立面图

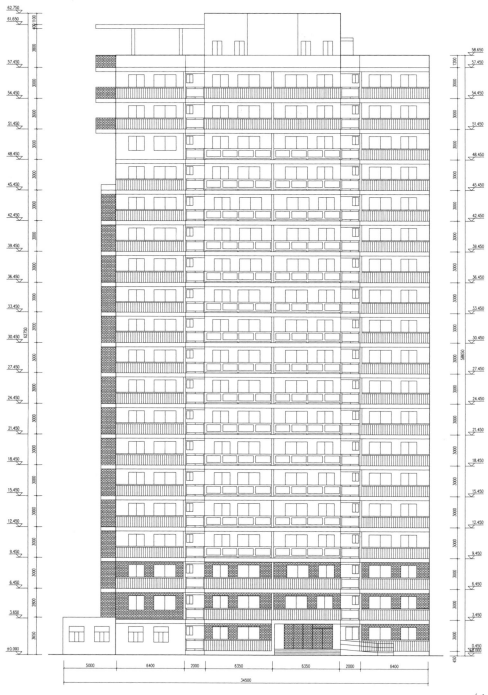

（1）南立面

附录图7　18层以上单元立面图

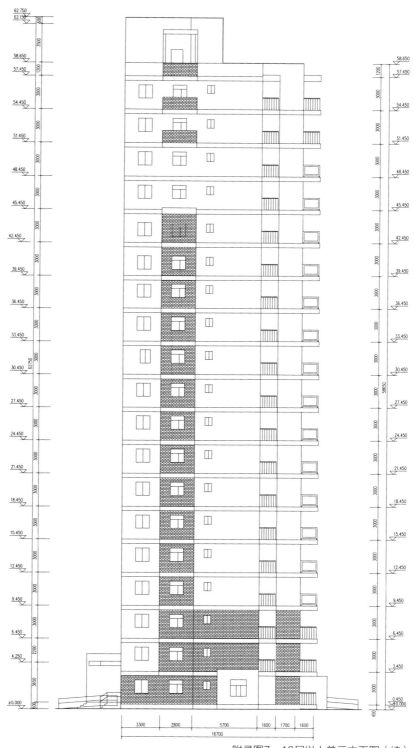

（2）西立面

7）18层以上单元剖面图及轴测图

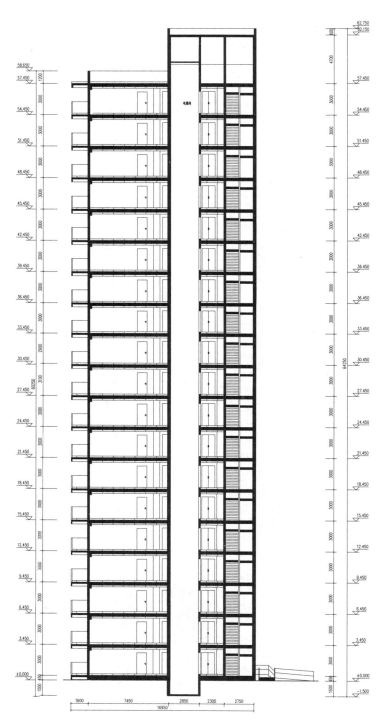

附录图8　18层以上单元剖面图

附录图9　18层以上单元轴测图

8）18层以下单元平面图

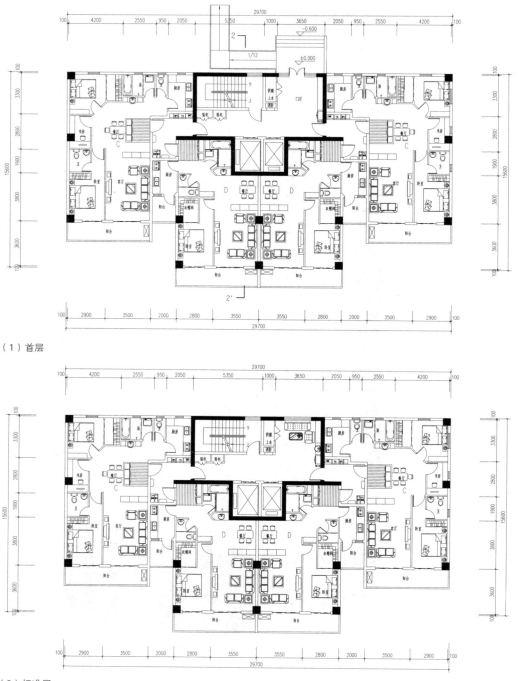

（1）首层

（2）标准层

附录图10　18层以下单元平面图

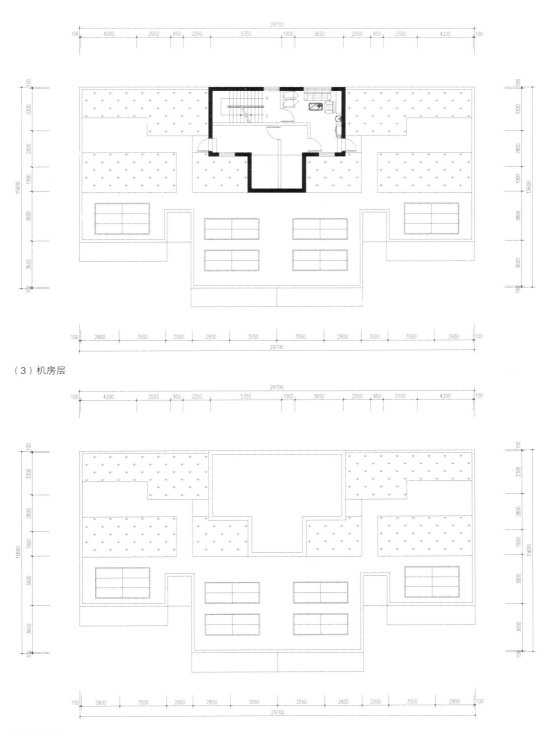

（3）机房层

（4）屋顶

附录图10　18层以下单元平面图（续）

9）18层以下单元立面图

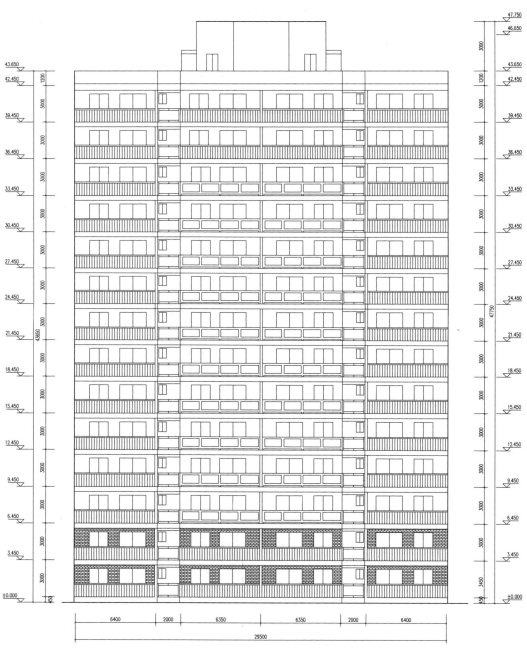

（1）南立面

（2）东立面

附录图11　18层以下单元立面图（续）

10）18层以下单元剖面图及轴测图

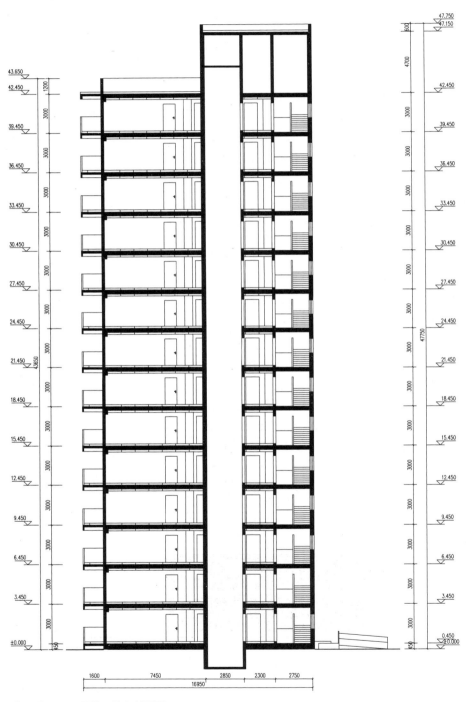

附录图12　18层以下单元剖面图

附录图13　18层以下单元轴测图

11）户型顶视图及轴测图

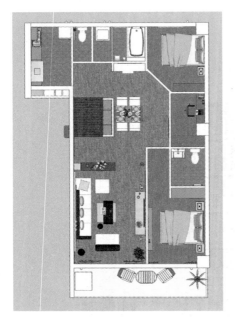

附录图14　户型A顶视图

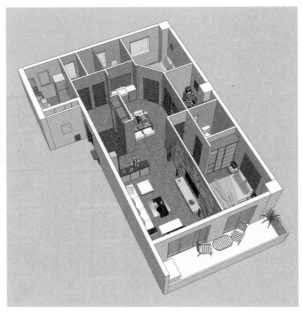

附录图15　户型A轴测图

附录图16　户型B顶视图

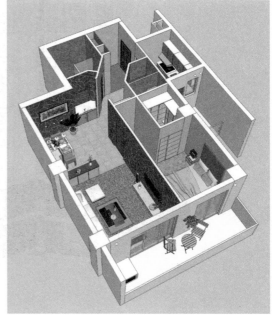

附录图17　户型B轴测图

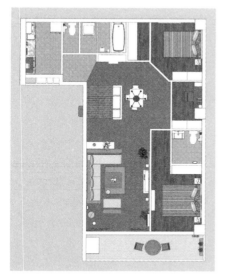

附录图18　户型C顶视图

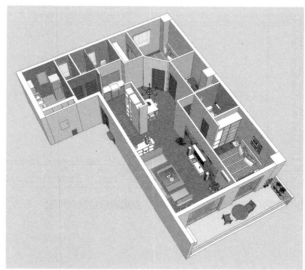

附录图19　户型C轴测图

附录图20　户型D顶视图

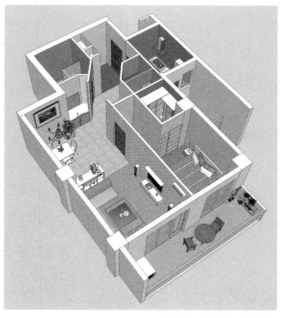

附录图21　户型D轴测图

12）标准层细部图

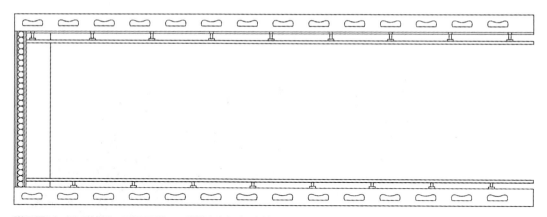

附录图22　双层地板、双层顶棚、双层墙板剖面概念图

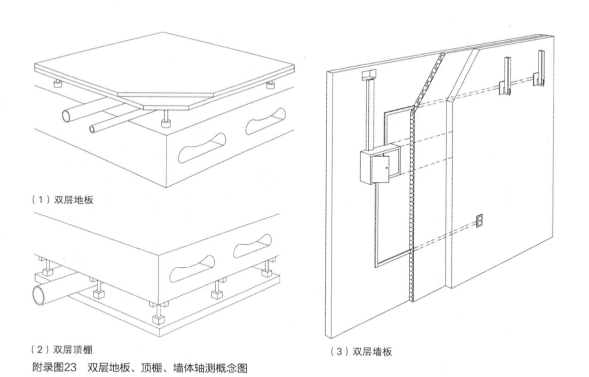

（1）双层地板

（2）双层顶棚

（3）双层墙板

附录图23　双层地板、顶棚、墙体轴测概念图

13）整体形象

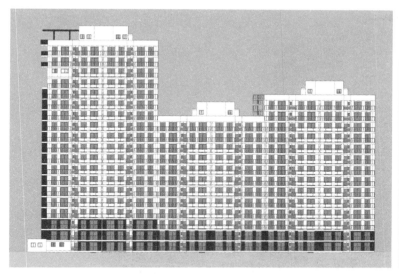

（1）南立面 　　　　　　　　　　　　　　　　（2）东立面

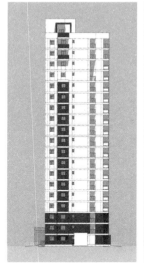

（3）西立面　　　（4）北立面

附录图24　SI住宅楼（三联）立面图

（1）西南轴测

（2）东北轴侧

附录图25 SI住宅楼（三联）轴测图